看萌漫學智慧

漫畫三十六計

瞞天過海、聲東擊西、欲擒故縱、無中生有

上

賽雷 著

目錄

1 瞞天過海 006

2 圍魏救趙 020

3 借刀殺人 034

4 以逸待勞 048

5 趁火打劫 062

6 聲東擊西 078

7 無中生有 094

8 暗度陳倉 110

9 隔岸觀火 126

10 笑裡藏刀 142

11 李代桃僵 158

12 順手牽羊 174

13 打草驚蛇 190

14 借屍還魂 206

15 調虎離山 222

16 欲擒故縱 238

17 拋磚引玉 260

18 擒賊擒王 276

唐

005

第一計

瞞天過海

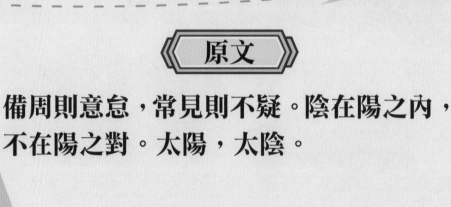

備周則意怠，常見則不疑。陰在陽之內，
不在陽之對。太陽，太陰。

　　防備十分周到時，就容易思想懈怠，麻痺輕敵；面對習以為常的事，往往就不會再產生懷疑。秘密常常隱藏在公開的事物裡，而不是在公開事物的對立面。非常公開的事物中，往往蘊藏著非比尋常的秘密。

西元 618 年，正值唐朝建立的第一年，而唐朝的鄰國、身處朝鮮半島北部的國家高句麗也換了一位新國王——榮留王。

榮留王剛一登基，就積極和唐朝建交，多次派使者來唐朝進貢。就這樣，在長達 20 多年的時間裡，唐朝和高句麗都保持著和平友好的關係。

高句麗的東部大人、大對盧（相當於唐朝的宰相）淵蓋蘇文殺死了榮留王和眾多大臣，接著扶植榮留王的侄子做了傀儡國王，他自己則獨攬軍政大權，在朝中一手遮天。

淵蓋蘇文一改榮留王的親唐政策，聯合百濟（朝鮮半島的一個國家）侵犯唐朝在朝鮮半島的屬國新羅，阻斷新羅入唐朝貢的通道，還在唐朝東北邊境蠢蠢欲動。唐太宗李世民大怒，決定率軍征討高句麗。

✍傳說出征之前，房玄齡、杜如晦等大臣都勸諫李世民三思。

陛下要起兵征遼東，不僅路途遙遠，還要跨海作戰，非常勞民傷財啊！

更何況勝敗輸贏難以預料，當年隋煬帝征遼東損兵折將，最後還打輸了，成了後世的笑柄。

杜如晦

是啊！是啊！陛下您一定要三思啊！

✍但李世民正在氣頭上，當即表示自己心意已決。

隋煬帝失敗那是他自己不會用兵，我用兵如神，百戰百勝，結果當然會不一樣！

我心意已決，你們不用再勸了。

小小高句麗竟敢騎到我中原天子的頭上，必須給他們一點教訓！

很快，唐朝大軍浩浩蕩蕩殺向了遼東。然而，當大軍要橫渡的汪洋大海出現在眼前時，李世民沒有了當初的豪言壯語，反而十分後悔沒聽房玄齡、杜如晦等人的話。

全軍加速，我已經迫不及待看到高句麗那群傢伙求饒的樣子了！

陛下，您還是先想想大軍要怎麼跨越這片汪洋吧……

啊？我打了半輩子的仗，也沒見過這場面啊！

原來李世民雖然戎馬半生，但仗基本都是在陸地上打的，這位「馬背上的皇帝」，看到不熟悉的大海，瞬間犯起了愁。

汪洋無際，波濤洶湧，該怎麼辦啊……

如今大軍已經出征，直接班師回朝肯定不行，於是李世民召集群臣商討渡海之策。尉遲敬德建議向遼東道行軍總管張士貴問計，結果張士貴暫時也沒什麼好辦法，他急忙回到自己的帳中，詢問謀士劉君昂該怎麼辦。

尉遲敬德整我嗎？陛下要我拿出渡海之策，我要是想不出來怎麼辦？

劉君昂

張士貴

不如問問薛仁貴，他才思敏捷，必有奇謀。

李世民為征遼東招兵買馬時，青年薛仁貴應募來到了張士貴帳下效力，他有勇有謀、頗具才幹，很快得到了張士貴的賞識。

薛兄，這件事你有什麼建議？

薛仁貴

如今征高句麗遇到的困難，陛下擔憂大軍難以渡過汪洋大海！

我有一計，可使上至陛下，下至小卒，全都如履平地，安穩渡海。

見薛仁貴自信滿滿，張士貴便想拉著他去見李世民獻計，但薛仁貴只是在張士貴耳邊講了幾句悄悄話，表示這個計策只能他們二人知道，不能告訴李世民。

過幾日，李世民又召集群臣詢問有沒有想到渡海之策。有個大臣向他稟告，說當地有一個老豪紳願承擔三十萬大軍渡海所需的糧草。李世民聞言大喜，立馬召豪紳覲見。

於是李世民帶著文武百官隨老豪紳來到了海邊，只見數不清的帳篷被彩色帷幔遮圍著。李世民隨老豪紳進入帳內，發現帳篷內壁也掛著綾羅綢緞，地上還鋪著地毯，裝修得十分奢華。

李世民剛一坐下，老豪紳就招呼人端上了美酒佳餚，同時還命樂伎獻上歌舞助興。李世民和百官開懷暢飲，沉醉在了歡樂鄉中。

過了許久，李世民的酒終於醒了，他看到眼前的杯盞是傾斜的，自己的身體也搖搖晃晃，四面八方都有風灌進來，腳下還傳來了如雷鳴一般的響聲。

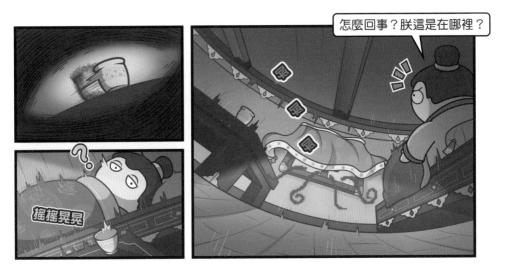

李世民一臉疑惑地讓大臣打開了帷幔，他走到帳外一看，映入眼簾的竟是一望無際、波濤滾滾的大海！

🖊薛仁貴知道，李世民憂愁和焦慮，只是因為他怕難渡大海，不敢邁出第一步，所以只要先想辦法把他和大軍弄到海上，幫他克服心理上的這第一道坎，以他的膽略和唐朝大軍的勇猛，是絕不會被區區風浪嚇倒的。

就這點小風小浪，哪能嚇唬我們？加速前進！

🖊由於古代的皇帝也被稱為「天子」，所以這一瞞著唐太宗偷偷渡過大海的計謀，就被後世稱為「瞞天過海」。

唐朝大軍到達對岸後，與高句麗軍展開激戰。薛仁貴身穿白袍，手持方天畫戟，衝鋒陷陣，殺敵無數，其英勇給李世民留下了極深的印象。

在班師回朝途中，李世民給了薛仁貴極高的讚賞。

此後，薛仁貴繼續南征北戰，成了功勳卓著的傳奇名將，其事蹟也在民間廣為流傳……

圍魏救趙

大梁

共敵不如分敵，敵陽不如敵陰。

　　進攻兵力集中的部隊，不如進攻兵力分散的部隊；打擊氣勢旺盛的敵人，不如打擊氣勢衰弱的敵人。

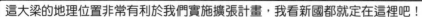戰國時期，群雄並起。西元前 400 年左右，魏國經過魏文侯變法後變得強大。在魏惠王時期，魏國為了在黃河流域進行擴張，把國都遷到了戰略要地大梁，引起了其他諸侯王的高度警惕。

這大梁的地理位置非常有利於我們實施擴張計畫，我看新國都就定在這裡吧！

不好！

西元前 356 年，趙成侯和齊威王、宋桓侯聯合，之後又和燕文公會盟，擺出了要結盟對付魏國的架勢。為了解除被孤立的危機，魏國努力尋找機會破局。

關於魏國遷都大梁一事，諸位……

這群傢伙……

又在密謀些什麼？

兩年後，趙國進攻了魏國的盟友衛國，奪取了漆及、富丘兩地。於是，魏國有了出兵伐趙的正當理由，魏惠王立刻派龐涓率大軍包圍了趙國的國都邯鄲。

趙國急忙派使者向齊國和楚國求救，可楚國暫時不想蹚這攤渾水，齊國朝堂也議論紛紛，齊國內以相國鄒忌為首的很多大臣都主張別管閒事，免得引火焚身，只有大臣段幹綸表示不救趙國對齊國不利。

✏️這話立刻就說到了齊威王的心坎上，他立即同意出兵救趙，還命令大軍駐紮在邯鄲的郊外。對此，段幹綸立刻勸阻。

✏️齊威王覺得此計甚妙，當即決定兵分兩路，一路去救趙，見機行事，另一路圍攻魏國的襄陵。

✍救趙的那路，齊威王本想讓孫臏當主將，好讓孫臏和老仇人龐涓正面對決，但孫臏以身體殘疾為由拒絕了，於是齊威王就讓孫臏坐在一輛帳篷車裡當田忌的軍師。

✍原來，孫臏之所以殘疾正是因為被龐涓所害。青年時期，孫臏和龐涓曾拜入同一師門，一起苦讀兵法。相比之下，孫臏的才學要比龐涓更勝一籌。二人出師後，龐涓在魏國當上了將軍，而孫臏則還未出仕，於是龐涓就派人把孫臏請到了魏國。

🖋但龐涓並不是要給孫臏介紹工作，而是知道自己的本事不如孫臏，所以才把孫臏弄到身邊監視，以免孫臏效力於敵國。後來，龐涓的妒火徹底爆發，他利用權力捏造罪名，讓人砍去了孫臏的雙足，還在孫臏的臉上刺字塗墨。

🖋後來，孫臏千方百計逃出魔窟來到了齊國，憑藉卓越的學識，他很快受到了齊威王的賞識和重用。

🖋孫臏一直在等待機會找龐涓報仇雪恨，如今齊國和魏國開戰，孫臏和龐涓各為其主，這對老仇人終於要在戰場上一決勝負了。

✍️田忌和孫臏率軍出征後，勇武有餘而謀略不足的田忌準備直接找魏軍決戰。孫臏立刻阻止了他。

田將軍，別急啊！解圍的訣竅是找到敵人的死穴。

透過避其鋒芒、擊其要害的「避實擊虛」，讓敵人自顧不暇，從而掌控局面。

✍️為了方便田忌理解，孫臏還打了幾個比方。

想要解開糾纏在一起的繩結，靠蠻力握緊拳頭去捶打是沒用的。

想要分開打架的雙方，勸架的人加入打鬥只會亂上加亂。

魏國為了攻下邯鄲，肯定出動了所有精兵強將……

那麼留守國內的就只剩下一些老弱病殘了。

此時我們……

如果南下進攻魏國都城大梁，魏軍肯定得回師救援，這樣邯鄲之圍不就解了嗎？

田忌聽了連連稱妙，但孫臏表示計策的關鍵之處還沒講到。

去進攻大梁之前，還得先示敵以弱，讓敵人麻痺大意、掉以輕心，這就需要先佯攻魏國的另一個重鎮——平陵。

平陵人口多、兵力足、防禦力量很強。

而且受地理因素影響，齊國進攻它時很容易被切斷糧道，導致大軍陷入絕境。

我們之所以攻打平陵，就是要讓龐涓覺得齊國的主帥不會判斷戰場形勢，只會瞎指揮害士兵送命。

為了讓龐涓更加驕傲大意，孫臏做戲做全套，他命令齊軍佯攻平陵，只許敗不許勝。

都聽清楚了！這次作戰，一定要大敗！若是勝了，依軍法處置！

打了這麼久的仗，第一次聽說打贏勝仗還要受罰。

看萌漫學智慧

✍成功麻痺龐涓後，孫臏這才分兵兩路，一路大部隊向大梁進攻，逼迫龐涓率軍回來救援。此時魏軍剛剛成功攻破邯鄲，還沒來得及休息一下，就得急匆匆地趕回去救援自己的國都。

✍此外，孫臏還派出了一路小部隊打阻擊戰，但他們的任務不是消耗魏國援軍，而是再次演戲，裝出一副齊軍很弱的樣子，只要被攻擊就立馬潰敗，讓龐涓更加膨脹。

✐龐涓率領援軍千里迢迢回援，先遇到了齊軍的阻擊部隊，結果發現齊軍不堪一擊、一觸即潰，於是直接下令全軍丟棄輜重、輕裝急行，儘快趕回大梁幹掉齊軍主力。

然而，此時齊軍的主力壓根就沒往大梁去，而是在半道的桂陵埋伏，靜靜地等著魏軍掉入陷阱之中……

看萌漫學智慧

龐涓率軍到來時，以逸待勞的齊軍瞬間殺出，把疲憊又大意的魏軍打得落花流水，龐涓也被生擒。

齊國取得桂陵之戰的勝利，段幹綸精妙的戰略部署和孫臏完美的實戰運用都功不可沒，後世將這一經典戰例和它所對應的計策概括為「圍魏救趙」。

敵已明，友未定，引友殺敵，不自出力，
以《損》推演。

敵方的情況已經明確，而盟友的態度還不穩定，要誘導盟友去消滅敵人，自己不實際出力，這是根據《損卦》「損下益上」的道理所推演出來的謀略。

三國時期，有一個頗有才學的人叫禰衡，他少年時就十分擅長辯論，寫出來的文章也辭藻華麗，文采斐然。

曹操迎漢獻帝從洛陽遷都到許都之後，無數飽學之士雲集許都，想在這裡施展抱負、出人頭地。禰衡也不例外，他身懷一塊「名刺」（古代官員互相拜訪、交際時所用的名片）來到許都求職。

🖋然而尷尬的是，禰衡在許都沒有獲得達官顯貴的賞識，也沒有結交多少知己好友，他的名刺更因為長時間閒置不用，最後上面的字變得模糊不清、難以辨認了。

你的主人既然要請我做事，就該親自上門來！你一個下人來請，算什麼？

究其原因，禰衡這人有一個很大的缺點：他恃才傲物、性格很狂，總是看不慣這個、看不起那個，一下對時事妄加點評，一下又瘋狂貶低別人。

🖋有人見禰衡找工作不順利，就建議他去投奔陳群或者司馬朗，這兩人都是曹操手下的重要謀士。

陳群是後來魏晉南北朝選官制度「九品中正制」的奠基人，以識人善用著稱。

而司馬朗是司馬懿的哥哥，他為人寬厚溫和、禮賢下士，廣受官員和老百姓的好評。

✍然而，禰衡卻很沒禮貌的拒絕了這個合理提議。

我怎麼能去投奔殺豬賣肉的人呢？

在他眼裡，陳群和司馬朗也就和殺豬的屠夫差不多。

✍於是，有人又問他覺得荀彧和趙融怎麼樣。荀彧有「王佐之才」之稱，為曹操統一北方立下了汗馬功勞，可說是曹操集團的文臣之首，但禰衡卻覺得荀彧的才能和功績不足掛齒。至於趙融，禰衡更是不屑一顧。

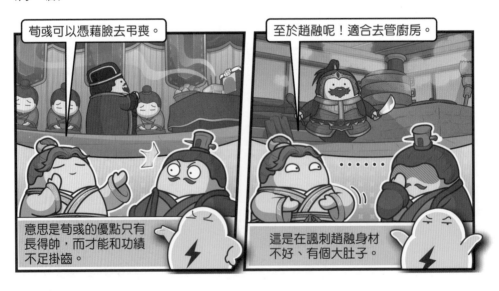

荀彧可以憑藉臉去弔喪。

至於趙融呢！適合去管廚房。

意思是荀彧的優點只有長得帥，而才能和功績不足掛齒。

這是在諷刺趙融身材不好、有個大肚子。

人們見他如此狂傲，就問他天底下他能看得上誰。

不是我說，敢問這天底下還有你看得上的人嗎？

大兒孔文舉（孔融），小兒楊德祖（楊修），
除了這兩人還可以，其餘的全是平庸無能之輩。

此時被禰衡稱為「大兒」的孔融已經四十多歲了，禰衡才剛二十
歲，但有涵養的孔融並不生氣——畢竟人家四歲就有了「孔融讓梨」
的美談。

你知道那個傢伙在外面是怎麼稱呼你嗎？

孔融

你別急，來吃顆梨消消火！

✐曹操聽說禰衡有如此大才，也很想見見，但禰衡一向討厭曹操，就說自己得了「狂病」，不僅不去拜見曹操，還把曹操臭罵了一頓。

✐曹操對此很生氣，他聽說禰衡擅長打鼓，就任命禰衡當了專門打鼓的小樂官「鼓史」，以此來羞辱禰衡。

✎某天，曹操邀請眾賓客來品鑒鼓史們的音樂造詣。按要求，鼓史們要換上專門的服裝來演奏，但輪到禰衡登場時，他穿著平時的普通衣服就出來了，還徑直走到了曹操面前。

✎在眾人驚詫的注視下，禰衡慢吞吞取來了鼓史專用的衣服，一件一件穿上，然後又淡定自若地打鼓，打完了鼓就離開，全程沒有表現出一絲羞怯。

✍禰衡回去後，孔融責備他做得太過分，於是禰衡答應去給曹操賠罪。曹操聽說禰衡要來賠罪十分高興，便交代守門的人，只要有客人來就立刻通報，以免怠慢了禰衡。

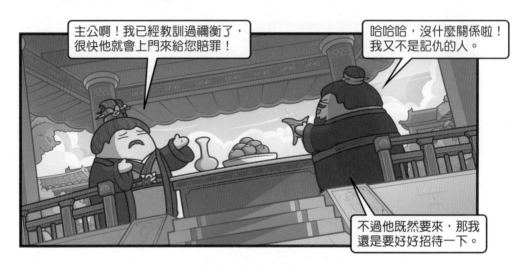

✍然而，禰衡姍姍來遲，只見他穿著很普通的衣服，手裡還拿了一把三尺長的大杖。眾人正納悶，禰衡卻突然坐在了門口，用大杖捶打地面，邊捶邊罵，又把曹操罵了個狗血淋頭。

這一次，曹操徹底怒了。

禰衡這小子，我殺他就像殺麻雀老鼠一樣簡單！但他一向沽名釣譽，有些虛名……

如果我真殺了他，世人又會覺得我心胸狹窄，不能容人，我現在就把他送給荊州的劉表！

劉表和荊州的文官們久仰禰衡的大名，禰衡來了後，他們撰寫文章或者議論政事，都要讓禰衡來拍板。有一次禰衡外出，劉表和文官們草擬了一份奏章。禰衡回來後覺得奏章寫得不好，就當著眾人的面將之撕了個粉碎扔在地上，大家都十分驚愕。

寫的是什麼玩意？不如撕了！

劉表

後來，禰衡變本加厲，開始輕慢、侮辱劉表。劉表忍無可忍，決定把他送給性格暴躁的江夏太守黃祖。一開始，禰衡替黃祖寫文章，深得黃祖之心，黃祖因此善待禰衡。

但沒過多久，禰衡的老毛病又犯了。有一天黃祖在船上宴請賓客，禰衡在席間出言不遜。黃祖十分難堪，就訓斥了禰衡一頓。

黃祖聽了怒不可遏，作勢要打禰衡，但禰衡罵得更兇了。

脾氣暴躁的黃祖哪受得了，直接下令殺了禰衡。等禰衡死後，消了氣的黃祖又覺得後悔，但一切已經太遲了。

氣殺我也！來人！把他殺了！

遵命！

呃，那……那個，你真殺了他啊？

主公放心！以我的刀法，會有失手的時候嗎？

面對狂妄的禰衡，曹操和劉表都早有殺心，但他們都不想敗壞自己的名聲，於是就接連運用「借刀殺人」之計，最終把「度量狹小、怒殺名士」的汙名甩到了黃祖身上……

哈哈，黃祖，你怎麼這麼小氣呢？

就是說呀！

你們兩個小人壞得很！

以逸待勞

困敵之勢，不以戰；損剛益柔。

要使敵人陷入困難的局面，不一定要直接出兵攻打，可以採取「損剛益柔」的辦法，讓敵人由盛轉衰、由強變弱。

東漢末年，劉備和孫權聯手在赤壁之戰中大勝曹操，但在戰後，雙方因為地盤分配問題產生了矛盾，孫劉聯盟逐漸名存實亡。

西元 219 年，劉備打敗曹操奪取了漢中。鎮守荊州的關羽積極配合，對曹操發起了襄樊之戰。但關羽在外征戰時，東吳趁虛襲取了荊州，導致關羽敗走麥城，最終被吳軍擒獲殺死。

關羽之死和荊州之失讓劉備憤怒至極，他無時無刻不想奪回荊州，為關羽報仇。

✎西元 221 年，劉備在成都稱帝，建立了蜀漢政權，他稱帝後做的第一件大事，就是宣布自己要御駕親征，討伐東吳。孫權聽說劉備要率大軍來攻，立馬派遣使者求和，但劉備毫不猶豫的拒絕了。

我們這次是帶著滿滿的誠意來的！

我呸！你回去告訴孫權，我和他勢不兩立！

✎得知劉備要親征東吳，張飛率兵萬人從閬中出發與劉備會合，但在動身之前，其部下張達、范強叛變殺死了他，並拿著他的首級投奔了東吳。

站住！你們是幹什麼的？

在下范強，他是張達，我們獻上張飛首級前來歸降！

✎東吳收留殺死張飛的叛將，使得劉備對東吳的怒火到達了頂點，他親率蜀漢軍隊數萬人，水陸並進，浩浩蕩蕩的殺向東吳。

✏孫權見事情已經毫無迴旋餘地，只好準備迎戰，他任命陸遜為大都督，統率徐盛、朱然、韓當、潘璋、宋謙、孫桓等將領，率領約五萬人馬去前線抵禦蜀軍。

此次戰事就交由陸遜全權負責！其他人從旁協助！

陸遜

✏當時，陸遜在東吳的威望並不是很高，而他手下的將領要嘛是功勳卓著的老將，要嘛是孫家貴戚。這些人一個個都心高氣傲，不把陸遜放在眼裡，對他的命令也愛搭不理。陸遜見狀，用手按著劍柄警告了眾將一番。

各位都受過主公大恩，理應齊心協力、共殲強敵來報答，但現在卻互不和睦，這是不對的。

我陸遜雖然只是位書生，但也是主公親自任命的大都督。主公委屈各位來聽我指揮，是覺得我有可稱道的長處，而且能夠忍辱負重。

現在我要求大家各司其職，不能再有推諉。軍令如山，絕不可犯！

陸遜的話有理有據、不卑不亢，成功鎮住了眾將。

陸遜與眾將商討如何抵禦蜀軍。眾將摩拳擦掌，都想立刻和蜀軍一決雌雄，但陸遜卻指出不能盲目應戰。

蜀軍兵多將廣，銳氣正盛，急於求勝，我們不能盲目應戰，而應避其鋒芒，先消耗對方的實力，再尋找機會破敵。

因此，陸遜下令全軍做戰略後撤，一路撤到了夷道、猇亭一線才擺出防禦陣型，阻擋蜀軍繼續前進。

就在此處紮營，搭建防禦設施！

是！

蜀軍在吳境長驅直入二三百里後，終於遇到了全力堅守的吳軍，其高歌猛進的態勢也隨之終止。

可這時他們才發現，陸遜放棄的土地基本上都是崇山峻嶺，大軍難以展開攻勢，戰略價值很低。因為吳軍堅守不出，蜀軍不得已在巫峽、建平到夷陵邊界一線安營紮寨。這些營寨一個連一個，綿延了數百里。

將軍，下方便是蜀軍營寨！足足數百里呢！

為了逼陸遜出戰，劉備讓張南率軍去圍攻駐守夷道的孫桓。孫桓急忙向陸遜求援，但陸遜卻下令按兵不動。孫桓是孫權的侄子，因此眾將紛紛質疑陸遜的選擇。

孫桓可是王族啊！現在被敵人圍困，怎麼能不救呢？

對呀！

孫桓平時帶兵有方，深得士卒信任，而且夷道城池堅固，糧草充足，沒什麼好擔心的。

一計不成，劉備又心生一計，他派吳班帶領數千人在平地上紮營，大聲辱罵吳軍，同時又安排伏兵藏在山谷中，等吳軍被激怒出戰，就殺他們個措手不及。

對於蜀軍的叫罵，陸遜就好像沒聽見一樣，不理不睬，但東吳眾將難以忍受，紛紛要求出戰。陸遜仍是按兵不動。

劉備見陸遜又不上鉤，只好帶領八千名伏兵從山谷中撤出，東吳眾將這時候才開始有了動作。

✍兩軍對峙了幾個月，吳軍還是固守，一邊防禦一邊休養。而在山野紮營的蜀軍卻得面對酷暑的天氣，船上的水軍更是像被蒸煮的餃子一樣，熱得無比難受。

✍劉備無奈，只好捨棄船隻，把水軍全部轉移到了陸地上，又把營寨設在了密林之中，遮擋烈日，準備等到秋後再重新發起進攻。

✍另一邊，陸遜卻敏銳地察覺到，蜀軍速戰速決的計畫已經落空，再加上長途跋涉和持續備戰，已經疲憊不堪、士氣低落，反擊的好時機到了。

於是陸遜一改往日的堅守戰術，主動攻擊蜀軍的一座營寨，卻碰了釘子，大敗而歸。眾將不禁說起了風涼話。

這是讓士卒白白去送死。

是啊！真為犧牲的弟兄覺得不值！

但陸遜表示透過這次試探，自己已經找到了擊破蜀軍的辦法——火燒連營。當時正值盛夏，蜀軍的營寨都是用木柵所築，又安紮在密林之中，周圍全是樹木、茅草，一旦起火，立馬就會燒成一片。

此計一成，他們輸定了！

在陸遜的命令下，東吳士卒每人拿著一把茅草，在夜晚突襲了蜀軍的營寨，並順風放火。剎那間，大火熊熊燃燒，蜀軍大亂。

緊隨而來的就是吳軍的總攻，東吳各將一起率軍殺出，有的從正面猛攻，有的從側翼截殺，有的繞後切斷蜀軍退路，連之前被包圍的孫桓也帶兵出城投入了戰鬥。

很快，蜀軍全線崩潰，死的死、降的降、逃的逃……劉備一路逾山越險，才艱難擺脫追兵，逃進了白帝城。

在夷陵之戰中，陸遜採用「以逸待勞」的計策，先與蜀軍僵持數月，削弱對方的士氣，然後再抓住機會一舉反擊，殲滅蜀軍數萬人。

第 五 計

趁火打劫

敵之害大，就勢取利，剛決柔也。

譯文

敵方出現重大危難時，就要趁機進攻奪取勝利，這是強者擊敗弱敵的策略。

明朝末期，吏治腐敗、黨爭不斷、連年飢荒、流民四起，在天災人禍的持續蹂躪下，明朝統治已經到了崩潰的邊緣。

在外，大清政權逐漸強大，多次侵擾劫掠中原各地。1643 年，皇太極病逝，年幼的順治帝繼位，攝政王多爾袞趁機把持了軍政大權，他對風雨飄搖的明朝虎視眈眈，一直想找機會入主中原。

在內，由於百姓生活得水深火熱，各地相繼爆發了大規模農民起義。其中，農民起義軍領袖「闖王」李自成率軍征戰多年，勢如破竹。

🖊 1644 年，李自成在西安稱帝，建立大順政權。之後他揮師東征，接連攻克數座堅城險關，兵鋒直指京城。面對亡國危機，崇禎帝急忙下詔號令天下兵馬進京勤王。

護駕！快召集各路兵馬護駕！

🖊 這些兵馬中，最有實力的就是坐鎮遼東、抗清多年的吳三桂。但當吳三桂率軍趕往京城時，他突然收到了京城已被攻陷的消息。

京師被李自成攻陷，崇禎皇帝已經自縊而死。

吳三桂

🖊 這下子，吳三桂不得不重新考慮自己的前途，他的實力還不足以讓他擁兵自立，只能在當時最強的兩股勢力——大順和大清之間二選一。

最初，吳三桂的想法是投靠大順。

我身上流的可是漢人的血！

首先，大順是以漢族為主體的政權，吳三桂身為漢人，心理上更能接受。

其次，吳三桂一直與清軍作戰，但和大順無冤無仇

最後，吳三桂的父母等親屬還身在京城，吳三桂如果與大順為敵，其家屬的命運可想而知……

在吳三桂表明自己願意歸附大順後，李自成派唐通接管了山海關的防務，在京城等待吳三桂朝見。

然而，當吳三桂一路行軍到玉田，已經十分接近京城的時候，他突然改變主意，帶領手下兵馬急速折回山海關，從背後對唐通的部隊發起突襲，奪占了山海關。

吳三桂態度驟變的原因已經難以考證，流傳最廣的說法有兩種。

李自成驚聞吳三桂佔領山海關後，做了兩項準備，他一邊安撫吳襄，讓吳襄以父親的名義寫信勸降吳三桂；一邊調集六萬大軍向山海關進攻，如果勸降不成，就以武力平叛。

面對來勢洶洶的大順軍，吳三桂派人去見李自成，謊稱自己願意投誠，但背地裡他已經派出了使者向清軍求援。

事實上，自從知道李自成攻陷京城後，清軍就已經蠢蠢欲動，準備趁著局勢大亂攻入中原。

就在李自成進兵山海關的前幾天，多爾袞便已經下令，大清的男子自十歲以上、七十歲以下全部從軍，誓要一舉成功。

由於山海關固若金湯，清軍最初打算繞道從其他地方尋求突破，但在行軍途中，他們意外遇到了吳三桂派來求援的信使。

讀了吳三桂的求援信後，多爾袞立即決定改變路線，向山海關方向行軍。

為了讓吳三桂放心，多爾袞回信表示如果他誠心歸降，大清便封他做藩王。

另一邊，李自成率軍到達了山海關，吳三桂派使者去「接洽招降」，但這名使者卻突然想要逃跑⋯⋯

李自成如夢初醒，立刻下令強攻山海關。吳三桂率眾抵抗，雙方展開了激戰。

李自成被吳三桂的緩兵之計拖延了時間，但多爾袞卻一刻也沒有耽擱，為了防止大順軍搶先攻克山海關，並把清軍擋在關外，他率軍以一天二百里的速度急行軍一天一夜，在夜裡趕到了距離山海關約十里的地方駐紮。

此時，吳三桂和李自成正在血戰，多爾袞決定先坐山觀虎鬥，等他們兩敗俱傷了再出手。

一天一夜的激戰過後，吳三桂落入下風，形勢危急，他只好親自帶著一部分兵馬衝出關門，來到清軍營地請求多爾袞出戰。

經過親眼觀察，多爾袞確信吳三桂是誠心降清，同時也摸清了大順軍的虛實。

🖌他讓吳三桂立即回關接應，還讓吳三桂吩咐手下士卒在肩膀繫上一塊白布——這樣清兵就能分辨出誰是友軍了。

你回去讓全軍都繫上這種白布，以免到時候誤傷了自家兄弟！

🖌多爾袞入關後，見大順軍擺出一字長蛇陣準備決戰，就把吳三桂部擺在右翼做誘餌，清軍則沿著渤海濱重兵列陣，伺機進攻大順軍陣尾的薄弱之處。

你在右邊，吸引他們的注意力，我會見機行事的！

🖋等大順軍和吳三桂部廝殺成一團時，戰場上突然刮起了大風，塵土飛揚，遮天蔽日。多爾袞抓住機會，命令數萬精銳騎兵乘風殺向大順軍，一時間萬馬奔騰、箭矢如雨。

🖋等到大風停歇，連日作戰、疲憊不堪的大順軍突然看到無數清軍正向自己殺來，瞬間陣腳大亂，沒有做多少抵抗就全線潰敗，李自成也只好率領殘部踏上了逃亡之路。

山海關大戰過後，李自成和大順政權很快覆滅；大清政權則從盛京遷都北京，開始了長達二百六十多年的統治。

在明末局勢一片混亂時，多爾袞率領清軍「趁火打劫」，引誘吳三桂獻出雄關，又竊取了李自成推翻明朝的勝利果實，成功在這場亂世爭雄的大戲中笑到了最後。

第六計

聲東擊西

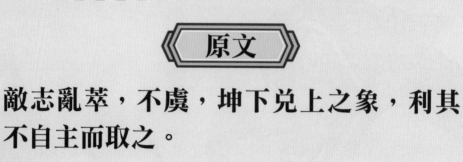

敵志亂萃，不虞，坤下兌上之象，利其
不自主而取之。

　　敵人的意志已經混亂，一下子散亂，一下子聚集，也無法判別和應付突然事變的發生，這是將領失去戰場分析能力的一種表現。這時就可利用敵人失去控制力的時機將其消滅。

秦朝滅亡後，歷史進入楚漢爭霸時期。西元前 206 年，劉邦任命韓信為大將，從故道殺回關中，平定了三秦之地。

第二年，兵鋒正盛的劉邦率軍出關，準備與項羽爭奪天下。漢軍從臨晉關渡過黃河，進入了魏國境內。魏王魏豹看到劉邦軍兵強馬壯，乾脆投靠了劉邦，跟隨劉邦東征。

劉邦一路挺進，諸侯紛紛歸降，以漢為首的反楚同盟也宣告成立。

✐很快的，劉邦趁項羽在外攻打齊國，率領諸侯聯軍攻佔了楚都彭城，每日擺宴慶功、飲酒作樂。

✐雖然一路凱歌高奏，但魏豹卻開心不起來，因為他入夥之後，劉邦並不怎麼重視他，還任命大將彭越擔任了魏國的相國。

魏豹跟著劉邦在外征戰，按理說沒有功勞也有苦勞，但由於魏軍在一些戰役中表現不佳，他還是遭到了劉邦的斥責。

怎麼你還不開心了？看看最近幾場仗你打的都是什麼玩意？哼！這事就這麼定了！

魏豹和劉邦都沒有想到的是，短短幾天之後，戰場形勢就徹底逆轉了，項羽聽聞彭城失陷，居然留下諸將繼續攻齊，自己則率精騎三萬疾馳回來救援。

項羽

區區劉邦何須全軍回去支援，我帶一隊人馬回去即可，你們留在這裡，拿下齊國！

每天醉生夢死的聯軍毫無防備，被打了個落花流水，最終劉邦身邊的漢軍幾乎全軍覆沒，他僅僅帶了十幾個騎兵艱難逃脫。

聯軍慘敗後，原本依附劉邦的諸侯都被項羽震懾而紛紛倒戈。早就對劉邦心懷不滿的魏豹也以探親為藉口，私下領兵回到了魏國。

回國後，魏豹公開反漢附楚，他派兵封鎖了黃河渡口，給漢軍施加了極大的戰略壓力，魏軍踞河東南下，能夠與楚軍前後夾擊漢軍；如果向西，則可以直取漢軍剛剛平定的關中。

劉邦派重臣酈食其去勸魏豹回心轉意，但魏豹卻果斷拒絕了。

酈食其雖然遊說魏豹失敗，但他在魏國也探查到了一些重要的軍事情報：魏豹任命的大將是柏直、騎兵統帥是馮敬、步兵統帥是項佗。

收到情報的劉邦趕緊分析了一番。

於是，劉邦任命韓信為左丞相、灌嬰為騎兵統帥、曹參為步兵統帥，率大軍前去討伐魏國。出發前，韓信分析了一番戰局形勢。

如果漢軍被拖住，士氣受損、後勤吃緊，魏軍再以逸待勞突然殺出，勝負可就不好說了。

魏豹為了抵擋漢軍，肯定會利用黃河天險，死守渡口進行防禦。

所以，漢軍必須發動奇襲擊潰魏軍的防線，力求速戰速決。

韓信率軍到了臨晉關，發現魏豹果然集結大軍在附近，還重點封鎖了黃河渡口，漢軍強渡的話必然會損失慘重。

這渡口完全被封鎖了呀……

通過偵察，韓信又發現上游百餘里處的夏陽魏軍很少，沒有什麼防備。

✐韓信想要在夏陽渡河，但如果這裡出現大量船隻，魏軍必然也會探查到，從而改變部署前來攔截。因此，想要瞞過魏軍的眼線成功渡河必須滿足兩個條件。

一是魏軍依然把重兵放在臨晉關防守。

二是夏陽的漢軍要在缺少船隻的情況下渡河。

✐為此，韓信下令就地砍伐木材，同時收購一種小口大肚的瓶子——罌。灌嬰和曹參不解其意，韓信便向他們解釋。

把幾十個罌封住瓶口，排成長方形，用繩子綁在一起，再用木頭夾緊，不就做好一個「筏子」了嗎？

幾天後，渡河用的木罌備齊了，韓信下令在臨晉關集結了一百多艘船，大張旗鼓地做出要渡河的樣子。魏軍見狀嚴陣以待，絲毫不敢鬆懈。

快！快去稟報大王！漢軍要渡河了！

然而魏豹等了半天，卻發現漢軍遲遲不渡河，還以為漢軍被嚇住了。

對面怎麼沒有動靜？難道是被我的霸王之氣鎮住了？

此時，漢軍真正的主力早已帶著木罌到達了夏陽。趁著夏陽的守軍沒有防備，他們迅速渡過黃河，在東張地區大破魏軍，隨後直奔魏國都城安邑而去。

衝啊！這裡駐守的魏軍才這一點，拿下他們，直衝安邑！

魏豹聞訊大驚，急忙帶著魏軍主力回援，但已經來不及了，漢軍順利攻下了安邑。

糟糕！安邑已經被漢軍拿下了！

之後，漢軍主動迎擊回援的魏軍，雙方在安邑西南地區交戰。

魏軍一路奔波，又得知都城淪陷，可說是身心俱疲，戰鬥力大打折扣。面對這股窮途末路之敵，曹參率步兵從正面推進，灌嬰率騎兵攻擊側翼，結果正如劉邦預料的那樣：項佗的步兵擋不住曹參，馮敬的騎兵也被灌嬰擊潰。

在臨晉關放煙霧彈的漢軍，也在魏軍撤走後輕鬆渡河，趕到了戰場助陣。在漢軍的合圍夾擊下，魏軍很快兵敗如山倒。

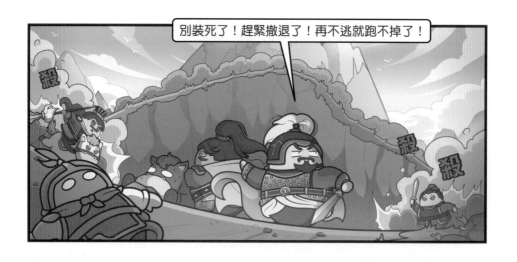

別裝死了！趕緊撤退了！再不逃就跑不掉了！

魏豹率領殘軍逃到了曲陽，被漢軍追上擊敗。隨後，他又逃到了東垣，被漢軍生擒。至此，魏軍被漢軍全殲，魏地被平定，劉邦的後顧之憂徹底解除。

安邑之戰可說是運用「聲東擊西」戰術的典範，韓信假裝要強渡臨晉關，實際卻偷偷從夏陽渡河進攻，讓魏軍的防備毫無用武之地，之後魏軍又被動回師，疲於奔命，最終落入了敗亡的深淵……

無中生有

誑也，非誑也，實其所誑也。少陰、太陰、
太陽。

　　用假象欺騙敵人，但不是完全作假，而是巧妙地讓對方認為假象中有真相。這就是要巧妙地運用陰陽轉化之理，由陰變陽、由虛變實、由真變假等。

🖋戰國時期，張儀拜鬼谷子為師，學習遊說外交、縱橫捭闔之術。出師後，張儀在各國找工作，他在楚國待過一陣子，可惜楚懷王並不重視他，於是他就想另謀出路。

我這一身才華，在這裡卻得不到賞識，與其這樣虛度光陰，還不如儘早離開算了！

🖋臨走前，囊中羞澀的張儀想訛一筆錢，於是他找到了楚懷王辭行。

我打算去晉國發展了，大王在晉國有沒有想要的東西，我可以替您帶回來。

我們楚國盛產金銀珠寶、珍禽異獸，晉國能有什麼好東西？

張儀又問楚懷王想不想要美人。

大王難道不喜歡美人嗎？

此話怎講？

晉國的美女站在街上，會讓人以為是仙女下凡了！

那樣的美女我還真未見過呢！快快找來讓我見識見識！

楚懷王給了張儀許多珍珠美玉，讓張儀趕快去晉國換美女回來。

楚懷王的王后南后和寵妃鄭袖聽說這事，很害怕張儀帶回絕世美女導致自己失寵，便分別私下給了張儀一千金和五百金，吩咐張儀一定要把事情搞砸。

你只要把大王交給你的差事搞砸了，這些全是你的！

鄭袖

南后

✐兩頭收錢後，張儀開始了自己的表演，他表示路途遙遠，希望楚懷王擺酒設宴為他餞行。楚懷王爽快的答應了。

在下遠行在即，不知大王可否設宴為在下餞行？

既然都大擺宴席了，大王何不把妃子佳麗們都請來，人多才夠熱鬧呀！

哈哈哈，好說好說！

哦！有道理啊！

✐於是，楚懷王叫來南后、鄭袖。張儀一看到她倆，便撲通一聲跪了下來，連連磕頭，說自己犯了欺君死罪。楚懷王一頭霧水地問他怎麼回事。

我走遍各地，還以為晉國的美女天下第一，沒想到您這裡還有如此美人，實在是讓我大開眼界！

✐楚懷王聽了哈哈大笑，表示不用張儀買美女了，珍珠美玉就作為賞賜送給他。南后和鄭袖也十分感激張儀。

帶著鉅款離開楚國後，張儀受到了秦惠文王的賞識，兩度出任秦相。

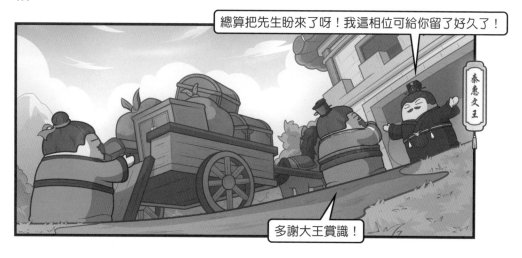

總算把先生盼來了呀！我這相位可給你留了好久了！

秦惠文王

多謝大王賞識！

當時秦國國力正盛，對東方六國構成了很大的威脅。在這種情況下，蘇秦遊說六國，建議大家聯合起來抗秦，讓土地南北縱向相連，即「合縱」。

只有聯合起來，才能對抗秦國！

為了破解六國合縱，張儀建議秦惠文王自西向東橫向與各諸侯結交，離間六國，進而各個擊破，即「連橫」。

大王，他們合縱，我們就來個連橫！

西元前 313 年，秦惠文王想要攻打齊國，但齊國和楚國締結了合縱之約，秦國如果攻打齊國，楚國必然插手。為避免秦國以一敵二，張儀便親自前往楚國遊說楚懷王。

大王如果願意聽我的建議，就請和齊國斷交，廢除盟約！

秦國和楚國永遠結盟，各自得到想要的好處，還削弱了齊國的勢力，沒有比這更划算的了。

作為報答，我會奏請秦王送給您商於一帶六百里的土地，同時進獻一批美女來服侍大王！

楚懷王聽到能白拿六百里土地還有美女相送，立刻答應了。群臣紛紛來向他祝賀，只有大臣陳軫覺得事情沒那麼簡單，勸楚懷王不要輕信張儀。

秦國對我們以禮相待，是因為齊楚聯手使他們感到畏懼！

如果大王和齊國斷交，楚國就會孤立無援，秦國怎麼會白送一個孤立之國六百里土地呢？張儀回到秦國後，一定會背棄承諾，聯合齊國來攻打楚國。

我們不如表面和齊國斷交，但暗中繼續合作，再派人跟著張儀去秦國。如果秦國真的割讓了土地，我們再和齊國斷交也不遲；如果秦國耍賴，我們就繼續跟齊國交好，這樣沒有任何損失。

然而，楚懷王已經被利益沖昏了頭，根本聽不進陳軫的建議。

希望陳先生閉上嘴，等著我得到土地就行了。

✐於是，楚懷王宣布和齊國斷絕關係，廢除盟約，他把楚國相印和許多金銀珠寶給了張儀，還派了一位將軍跟著張儀到秦國去接收土地。

你放心，齊國那邊我肯定斷得乾乾淨淨！

大王等我好消息便是！

✐然而回到秦國後，張儀就謊稱從車上摔下來受了傷，一連三個月都沒上朝，割地的事被一拖再拖。

這都多少天了！割地的事怎樣了？

我家大人之前不慎摔傷了，待傷好了他自然會去上朝，將軍請回吧！

✎楚懷王心想，這估計是張儀怪我和齊國斷得不夠徹底，於是便派人去齊國辱罵齊宣王。齊宣王大怒，一氣之下轉頭和秦國結盟了。

✎這時，張儀才重新上朝。楚國使者來索取約定的六百里土地，張儀卻開始裝傻充愣。

被戲弄的楚懷王怒不可遏，立馬派兵攻打秦國。然而秦國和齊國聯手，把楚國打得大敗，奪取了楚國的一些土地。

楚國加派軍隊攻打秦國，但還是沒打贏，又割讓兩座城池求和。

🖊兩年後，秦國想拿一些土地交換楚國黔中的土地，楚懷王卻表示自己想要張儀。

黔中可以給你們，我不要你們的土地，你們把張儀送過來就行。

🖊秦惠文王想拿張儀換黔中，但他也知道楚懷王恨張儀恨得牙癢癢，張儀一去凶多吉少，所以不好意思明說。沒想到張儀卻自告奮勇，要求去楚國，還說自己不會出事。

大王，讓我去吧！我可以的！

愛卿，我不是要你去涉險的意思！

✎張儀到了楚國，楚懷王果然把他囚禁起來，準備殺死，不過他早已安排他的朋友靳尚去見當年自己幫過的楚懷王寵妃鄭袖。

您知道自己要被大王厭棄了嗎？秦王為救張儀出來，正準備割讓土地，還要送一批千嬌百媚的美女給大王呢！

靳尚

送美女？可不能讓他送過來了啊！

✎很快，鄭袖給楚懷王吹起了枕邊風。

我們還沒把土地給秦國，人家就把張儀送過來了，可說是給足了大王面子！

您沒有回禮卻把張儀殺了，秦王肯定大怒，進而派大軍來攻打我們。我請求您讓我搬到江南去住，以免到時候被擄受辱……

✍楚懷王聽了，覺得鄭袖言之有理，就放了張儀，還像之前一樣厚待他。

先前是我怠慢先生了！現在特地設宴給先生賠個不是！

✍就這樣，張儀巧用「無中生有」之計，前後三次把楚懷王騙得團團轉，最終還成功全身而退了。

暗度陳倉

第八計

示之以動，利其靜而有主，「《益》動而巽」。

　　故意暴露我方的行動，利用敵方平靜固守的時機做出作戰的主張，然後迂迴到敵人的背後發起突襲，這就是《益卦》所說的能乘虛而入，出奇制勝。

🖊秦朝末年，各地掀起了轟轟烈烈的反秦起義。楚國王室後裔楚懷王熊心被推舉為起義軍的精神領袖，他與大家約定「先破秦入咸陽者王之」——誰先打進秦都咸陽誰稱王。

🖊西元前 207 年，劉邦率先領軍攻入了咸陽，他本想住在皇宮裡享樂一番，但在樊噲和張良的勸說下，抵抗住了誘惑，將秦朝的宮殿、倉庫全部清點查封，隨後率大軍撤出城內駐於霸上。

✍劉邦秋毫無犯（任何物品都未侵犯、動用）地撤軍後，又召集當地父老鄉親，與他們「約法三章」：殺人者處死，傷人者及偷盜者抵罪；除此之外，秦朝的種種苛刻法令一律廢除。

✍沒多久，各路起義軍中實力最強的項羽趕到了咸陽郊外的鴻門。在著名的「鴻門宴」後，項羽率軍進入咸陽，燒毀了秦朝宮殿，殺死了秦王子嬰。

隨後項羽不顧楚懷王先前與大家的約定，自己分封了諸侯。對最先攻入咸陽、功勞很大的劉邦，項羽僅封他為漢王，領巴蜀、漢中之地。

為了防止劉邦重返關中，項羽還把關中一分為三，封給了秦朝的三個降將——章邯（雍王）、董翳（翟王）、司馬欣（塞王），號稱「三秦」。

✎劉邦十分憤怒，準備直接找項羽拼個你死我活。眾人都勸他別衝動，現在攻打項羽純屬找死，打一百次就會輸一百次，不如先去漢中發展，畢竟留得青山在，不怕沒柴燒嘛！

大王息怒啊！

K O

以我們的實力挑戰項羽勝算不大，……不如從長計議。

✎於是，劉邦只好忍氣吞聲前往漢中。在張良的建議下，劉邦燒毀了沿途的棧道，表示自己斷絕了來往之路，再也不會東出爭奪天下，以此麻痺項羽。

哼，這個破地方，我才不稀罕呢！

把棧道全部燒掉，我們大王決定永不復出了！

在劉邦整軍備戰之時，韓信不辭萬里趕來投奔。經過蕭何的力薦，劉邦命韓信為大將，重新開始圖謀霸業。

這位少俠有勇有謀，值得重用！

好！我們聯手必定大有可為啊！

韓信向劉邦分析，現在該走的第一步棋，就是殺回關中平定三秦。

項羽殺死秦王、焚毀秦宮、坑殺秦降卒二十餘萬人，章邯、司馬欣、董翳這三名秦將出賣士卒，投降苟活，還被項羽封了王，秦國百姓對這三人可謂恨之入骨。

太好了！我早就看他們三人不順眼！

對比之下，漢王您在關中時與民約法三章，軍隊秋毫無犯，關中百姓無不想擁戴您為王。

而且根據楚懷王與大家的約定，您理應在關中稱王，這事關中百姓也都認可。

恭迎漢王！

因此，如今我們起兵東進攻打三秦，只要一聲號令就能拿下。

話說得簡單，但光靠嘴可打不贏仗，所以韓信又拿出了具體的計畫和謀略──發動奇襲打敵人一個措手不及。

傳說，韓信下令樊噲、周勃帶領一萬人馬去修復被燒掉的棧道，幫大軍重返關中鋪好路，還限他們三個月之內必須完工。

樊噲

周勃

一萬人，三個月。

是！

是！

📝然而這些棧道原本依山而建，足有三百多里長，山勢連綿起伏，這些棧道也就高低不平，有些還建在懸崖峭壁邊上，修起來難度極高。對此，樊噲不禁抱怨了起來。

早知道以後還要用，當初幹嘛一把火燒了？這麼大的工程，別說一萬人修三個月，就是十萬人修一年也未必能修好。

📝果然，修棧道的士兵們連修了十幾天，也只修好了很短的一段，大家紛紛洩了氣。

這工作辛苦又危險，工期還那麼短，簡直不是人做的……

面對將領和士兵們的抱怨，韓信就像沒聽到一樣，還是天天督促他們抓緊幹活，運木料、送糧草。

剩下的時間不多了，趕緊加快速度修好！

下面士氣低迷，上面撒手不管，修棧道的一萬人馬很快陷入了混亂，每天進度完成不了多少，吵吵嚷嚷、罵聲連連倒是沒停過。

我受不了啦！這工根本做不完啊！

🖊漢軍大修棧道的動靜很快傳到了關中，雍王章邯聽說這事，一邊派人去打探棧道的修復進度，一邊調集軍隊做好應戰準備。

🖊章邯聽後哈哈大笑，表示劉邦真是無人可用了，竟然讓受過胯下之辱的韓信當大將，他倒要看看韓信修棧道要修到何年何月去。

🖊於是，章邯把大軍調到了棧道最東側的出口，準備以逸待勞，等著漢軍前來。

✎然而有一天，章邯突然接到急報。

✎原來，韓信讓人大張旗鼓地修棧道，就是故意做給章邯看的假像，同一時間，漢軍的主力正在翻山越嶺，沿著崎嶇難行的小路，神不知鬼不覺地到了陳倉。

大驚之下，章邯慌忙率軍趕往陳倉迎戰，但由於缺乏準備，很快就被漢軍打敗。

逃跑一陣子後，章邯重整旗鼓，再次與漢軍交戰，結果又被擊潰，只好逃回了駐地廢丘。

漢軍將廢丘重重圍困，但攻了很久都沒攻下來，最終漢軍用水淹了城池，取得了勝利。廢丘失守，章邯拔劍自刎。

我對不起我的士兵和百姓，只能以死謝罪！

司馬欣和董翳，見劉邦兵鋒正盛、難以抵擋，乾脆向劉邦投降。至此，劉邦徹底消除三秦之患。

後人從韓信擊敗章邯的故事中，提煉出了成語「明修棧道，暗度陳倉」。

隔岸觀火

第九計

陽乖序亂，陰以待逆。暴戾恣睢，其勢
自斃。順以動《豫》，《豫》順以動。

敵人內部矛盾爆發、分崩離析的時候，我方應該靜靜等待其形勢繼續惡化。待敵方殘暴兇狠、任意胡為時，其必將自取滅亡。這就是《豫卦》所講的「順以動《豫》，《豫》順以動」的道理，也就是順物性而動。

西元 200 年，曹操在官渡之戰大勝袁紹。袁紹逃回了河北大本營，兩年後在憂憤中病死。

袁紹死前沒有確立繼承人，這導致袁氏集團因為選繼承人的問題而分裂成了兩大陣營，一派支持長子袁譚，另一派則支持三子袁尚。

按照當時長子為嗣的傳統，應該是袁譚接班，但袁紹討伐董卓時，還在洛陽的袁氏族人都被董卓報復殺害，其中就包括他哥哥袁基一家。為了讓哥哥不至於「絕後」，袁紹便把長子袁譚過繼給了哥哥，所以袁譚名義上已經不算袁紹的兒子了。

其餘的兒子裡，三子袁尚長得很帥，袁紹一直很喜歡他，隱約有立他為繼承人的意向，但從來沒有正式表態過。

✎袁紹手下的重臣裡，辛評、郭圖等大多數人都支持袁譚，只有逢紀、審配支持袁尚。逢紀、審配平時作風驕縱奢靡，袁譚向來看不慣，所以他倆十分擔心袁譚繼位後會收拾自己。

✎於是，逢紀和審配假託袁紹遺命，謊稱袁紹死前說了要讓袁尚繼位，擁立袁尚當了繼承人。

✎事已至此，袁譚只能憤憤不平地進駐黎陽。袁尚只給了袁譚少量兵馬，還派逢紀跟著監視他。

✐後來袁譚請求袁尚再分給自己一點兵馬，袁尚沒答應，袁譚一怒之下就把逢紀殺了洩憤，因此兄弟二人的矛盾更深了。

✐過沒多久，曹操為了斬草除根，徹底滅掉袁氏集團，派大軍渡過黃河進攻黎陽的袁譚。袁譚急忙向袁尚請求支援。袁尚怕袁譚得到兵馬後占為己有不再歸還，就親自帶兵來救黎陽。

✐曹操與袁譚、袁尚交戰，接連大勝，袁氏兄弟只能敗逃鄴城。

✍曹軍眾將想乘勝追擊，攻下鄴城，但謀士郭嘉卻語出驚人，建議曹操直接退兵。

袁紹喜歡袁譚、袁尚這兩個兒子，生前甚至無法決定讓誰接班，郭圖、逢紀等一群謀臣從中摻和挑唆，必然使他倆矛盾重重。如果我們急攻，他倆就會放下恩怨，一致對外；如果我們不施壓，他們就會再起爭端，自相殘殺。

我們不如先假裝撤軍南征劉表，靜觀其變，等到他們兄弟反目，再回頭攻打，就能一擊制勝。

✍曹操聽從了郭嘉的計策，率軍回師。看到曹軍撤退，袁譚建議袁尚發動襲擊。

我們之前被曹軍打敗是因為鎧甲不夠精良，現在曹軍撤退，人人都只想趕緊回家，我們趁機發起突襲，就可以徹底擊潰他們，機不可失啊！

但袁尚心存猜疑，既不給袁譚兵馬，也不給袁譚精良的裝備，袁譚非常生氣。辛評和郭圖趁機火上澆油，表示當年袁譚被過繼給袁基當兒子，就是審配為了讓袁尚接班而出的餿主意。

袁譚怒上心頭，直接率軍攻打袁尚，但由於兵馬不足，所以沒打贏，最終還被袁尚大軍包圍了，走投無路的他只好派人向昔日的敵人曹操求援。

曹操知道袁譚並不是真心實意地歸順自己，但為了防止袁氏兄弟再度聯手，他還是給袁譚封官、許婚，隨後率軍直撲鄴城，攻打袁尚。

孤軍奮戰的袁尚不是曹操的對手，屢戰屢敗，很多部下紛紛投降。袁尚無心再戰，想要求和，但曹操不答應，袁尚只能率殘軍逃往中山。

就在曹操包圍鄴城之時，假投降利用曹操的袁譚立刻叛變，奪取了幾塊小地盤，但都到這時候了，他居然還忘不了兄弟內鬥，又去中山打跑了袁尚，收編了袁尚的部眾。

没多久，曹操就率軍回來討伐袁譚。袁譚戰敗逃走，被曹軍騎兵追上殺死。

另一邊，袁尚在中山戰敗後，跑去幽州投奔了二哥袁熙。

然而袁熙的部下認為袁氏大勢已去，就發動了叛變，袁尚和袁熙慌忙出逃，投靠了北方遊牧部落烏桓。

西元 207 年，曹操遠征烏桓，大將張遼於白狼山之戰中大破烏桓軍，斬殺了烏桓單于。

✐於是，袁尚和袁熙又逃往遼東，去投奔遼東太守公孫康。曹軍將領都想一鼓作氣，追殺上去，曹操卻覺得沒有必要。

✐然後曹操就撤軍了，而袁氏兄弟逃到遼東後，袁尚竟想殺公孫康取而代之。

公孫康果然宴請袁尚、袁熙，要幫他們接風洗塵，然而袁尚、袁熙剛進門還沒來得及坐下，伏兵就從四周殺出，把他倆綁了個結結實實。

原來，心懷鬼胎的不止有袁氏兄弟，公孫康早就計畫好要抓他倆向曹操邀功。

當時天寒地凍，被綁在地上的袁氏兄弟冷得直發抖，請求公孫康給條席子取暖。公孫康沒有答應，還嘲諷了二人一番。

頭顱就要萬里遠行了，要席子有什麼用？

公孫康說完就命人砍了袁尚、袁熙的頭顱，然後送給曹操。對此，曹操手下的將領們困惑不已。

您都已經退兵了，沒有威逼公孫康，他為什麼還要殺袁尚、袁熙？

如果我急攻，他們就會聯手抵抗；沒有外部壓力，他們就會自相殘殺。一切都是形勢使然。

此時，郭嘉已經在遠征烏桓回師的途中病死了，曹操很可能是依樣畫葫蘆，復刻了郭嘉當年「隔岸觀火」的妙計。

在《三國演義》中，曹操這次用計被藝術加工到了郭嘉身上，變成郭嘉臨死前給曹操留下最後一個錦囊妙計，讓他退軍靜待袁氏兄弟覆滅——這就是著名故事「遺計定遼東」。

笑裡藏刀

第 十 計

信而安之，陰以圖之，備而後動，勿使有變。剛中柔外也。

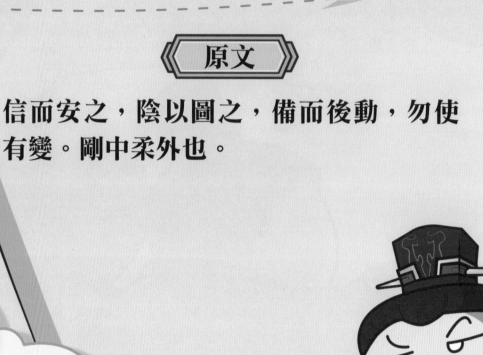

　　表面上要使敵方信任我方而喪失警惕，暗地裡我方則秘密策劃消滅敵人的方法。做好充分準備以後才行動，不要使敵人發生意外的變化。這就是表面上柔和而內中卻剛毅的計策。

說起「商鞅變法」，大家應該都不陌生。經過商鞅在經濟、政治、軍事等方面的一系列改革，秦國迅速富強，實力騰飛，有了後來滅六國統一天下的資本。

多虧了愛卿，我才能打下這麼多地盤呀！哈哈哈！

大王的英明領導才是至關重要的呀！

但很多人不知道的是，商鞅並不是秦國人，「商鞅」也不是他的名字，而是後世對他的習慣性稱呼。

衛鞅大人早！

衛鞅大人吃過早餐了嗎？來我這裡免費吃！

離開故鄉久了，都快忘了我本姓公孫了……

商鞅生於衛國，姬姓公孫氏，名鞅，原名公孫鞅。因為公孫鞅是衛國國君的庶孫，當時諸侯子孫出國後常以自己的國名為氏，所以他又被稱為衛鞅。

那麼商鞅這個最常用的稱呼是怎麼來的呢？這就要說到公孫鞅笑裡藏刀、坑害老友的一段「黑歷史」了……

公孫鞅年輕時喜歡研究法學，學成後他覺得衛國的舞臺太小，於是前往魏國投奔魏國的相國公叔痤。

🖋魏惠王的弟弟公子卬（又稱公子昂）性格豪爽，有君子之風，他拜公叔痤為師，在公叔痤府上結識了公孫鞅。兩位青年才俊互相欣賞，很快就成了至交。

這位兄台，方才聽到你的見解，覺得十分有趣，不知兄台可願與在下找處地方交流心得？

🖋後來，公叔痤得了重病，魏惠王親自去探病，問他誰能夠執掌國政。

如果您的病好不了，國家社稷可怎麼辦啊？

我的侍從官公孫鞅雖然年紀輕輕，卻是經世奇才。

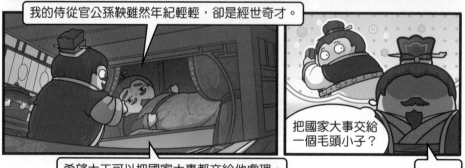

希望大王可以把國家大事都交給他處理。

把國家大事交給一個毛頭小子？

……

公叔痤知道魏惠王心有疑慮，於是讓左右都退下，將自己的想法完整說了出來。

大王如果不同意任用公孫鞅，就一定要殺了他，別讓他離開魏國。

本王知道了，您好好休息吧！

魏惠王出門後，連連嘆息，覺得公孫痤提的建議不妥。

公叔痤病得很嚴重了，可悲啊！

以他的賢能，居然建議我在國家大事上聽從一個名不見經傳的公孫鞅，這不是很荒謬嗎？

✍公叔痤雖然讓魏惠王若不重用公孫鞅就殺了他，但又於心不忍，於是緊急召見公孫鞅說明了情況，讓公孫鞅趕緊逃跑，不然就會被捉住殺死。

別磨蹭了，快收拾一下離開這裡吧！再晚就跑不掉了！

✍誰知公孫鞅很淡定地表示自己不用逃跑。

大王不聽您的話任用我，說明他壓根就沒把我當回事，又怎麼會聽您的話殺死我呢？

✍於是，公孫鞅繼續留在魏國，果然平安無事，沒有被害。

不久後，公叔痤病逝。參加完他的葬禮後，公孫鞅覺得留在魏國也沒什麼意思了，又聽說秦國正在招賢納士，就動身去了秦國。

公孫鞅在秦國受到了秦孝公的賞識。在秦孝公的支持下，公孫鞅開始變法改革，秦國由此實力一飛沖天，開始不斷向外擴張。

✍西元前 340 年，秦孝公派公孫鞅率軍攻打魏國。巧的是，魏惠王派出了公子卬迎戰。

✍面對曾經的好友、如今的敵人，公孫鞅給公子卬寫了封信。

單純的公子卬看了信後，感動得一把鼻涕一把淚，立刻回信表示願意和談。

於是公子卬更加感動，不再對和談有任何懷疑。

收到回信後，公孫鞅又給公子卬送去了兩份禮物——旱藕和麝香。

✑然而，這一切都是公孫鞅的詭計，他傳令前軍將士全部假裝退回秦國，實則中途改道，埋伏在約定的和談地點玉泉山，只等公子卬經過就將其抓住。

嘿嘿，大計將成，請君入甕。

✑到了約定日期，公孫鞅又派人傳信給公子卬，稱自己只帶了不到三百人的隨從去玉泉山恭候大駕。公子卬心想對方那麼「有誠意」，自己如果帶大量兵馬未免顯得失禮，於是也帶了三百人去赴約。

大人，三百人是不是太少了？

就三百，免得惹人恥笑！

我只帶不到三百人喲！

到玉泉山後，公子印見公孫鞅的隨從果然很少，並且都沒有穿盔甲、帶武器，便更加放心了。然而秦國真正的甲士，早已埋伏在了山林之中……

宴席上，公子印正與公孫鞅把酒言歡，突然間公孫鞅一聲令下，伏兵從四面殺出，把公子印和他的手下全部抓住。

✍公孫鞅派人把公子卬押回秦國，又威脅公子卬的隨從們，讓他們裝作無事發生，簇擁著公子卬的車駕假裝「赴宴歸來」。

✍魏軍將士看到公子卬的車駕和他的隨從們，理所當然地以為是公子卬回來了，便立刻打開了城門。他們哪能想到車裡坐著的根本不是公子卬，而是秦軍的先鋒……

秦軍先鋒潛入城內，很快控制了城門。隨後，秦軍主力長驅直入，殺進城裡，把魏軍打得落花流水。

城門已破，眾將士隨我殺！

糟糕，中計了……

面對慘敗，魏惠王只能割讓河西的部分土地向秦國求和，這時他才十分後悔當初沒聽公叔痤的話。

投降啦！我割讓地盤給你！別打啦！

公孫鞅因為這次破魏的戰功，被秦孝公封賞了商於之地十五邑，號為「商君」——這就是「商鞅」稱呼的由來。

李代桃僵

第十一計

勢必有損，損陰以益陽。

　　當迫於形勢必然有所損失時，應該放棄局部的利益去換取整體的利益。

✍春秋時期，齊國有一名性格輕浮的國君齊頃公，他待人不講禮節，經常讓人難堪。

✍西元前 593 年，晉國派出大臣郤克出使齊國，與他同行的還有魯國使臣季孫行父、衛國使臣孫良夫。

✏️巧合的是，這三位使臣都有些殘疾：郤克駝背、季孫行父瘸腿、孫良夫瞎了一隻眼睛。齊頃公見到三個殘疾使臣，表面淡定，內心卻在瘋狂嘲笑。

✏️回宮後，他還把這樁「奇聞逸事」講給自己的母后蕭夫人聽。蕭夫人和她兒子一樣素質不好，不僅沒有批評兒子，反而覺得很有趣，想要親眼看看這三個「怪人」。

✍於是，某天會見使臣時，齊頃公做了一件非常缺德的事：他讓一個駝背侍從給郤克帶路，一個瘸子侍從給季孫行父帶路，一個獨眼侍從給孫良夫帶路……

✍等三位使臣來到朝堂上，一個掩著的簾子後面傳出了女人的哈哈大笑聲——原來是蕭夫人正在那裡偷看。

哈哈哈哈哈！

噗……

三位使臣被這樣戲弄侮辱，紛紛勃然大怒。

關於此事，「春秋三傳」之一的《谷梁傳》記載和《史記》有些出入。在《谷梁傳》中，當時出使齊國的使臣有四位，晉國的郤克是獨眼、魯國的季孫行父是禿子、衛國的孫良夫是瘸子、曹國的公子手是駝背。

✏️西元前 589 年，各國使臣聯手報仇的機會來了，齊頃公率軍攻打魯國，衛國派孫良夫等人前去救援。

✏️然而，衛國實力不夠沒打贏，孫良夫便來到了晉國向郤克求援。郤克如今已經是執掌晉國朝政的首席重臣，看到當年和自己一起受辱的孫良夫，前塵往事湧上心頭，當場就表示晉國一定會和衛國同仇敵愾，好好打壓齊頃公的囂張氣焰。

📝很快，郤克親自掛帥出征，晉、齊兩國大軍近距離對峙，大戰一觸即發。

我們已經打了幾場仗，有些疲乏了，所以別讓我們再等太久，明天早上就決戰！我希望你們應戰，就算你們不敢答應，這仗明早我也打定了！

📝第二天早上，大戰如期爆發。齊頃公十分輕敵，他連早飯都不吃，還口出狂言，說要消滅敵人後再吃。

等我消滅了敵人再吃不遲。

之後，他更是不等戰馬裝備好，就讓戰車衝入陣中。

✎晉軍這邊，郤克為了鼓舞士氣，也乘著馬車親自為將士們擂鼓。戰鬥中，郤克被箭射傷，血一直流到了鞋上，他雖然強忍著疼痛繼續擂鼓，卻也漸漸支撐不住。

啊！不行了！我受了重傷！

✎這時，為他駕車的解張對他說了一番鼓勵的話。

剛一交戰，我的胳膊就中箭了。我將箭折斷了繼續駕車，左邊的車輪都被我的血染成了紅色，我都不敢說自己受傷了。您忍著點吧！

全軍將士的眼睛和耳朵都集中在我們的軍旗和鼓聲上，他們都按照命令來行動。

我們這車上只要還有一個人活著，就得繼續堅持，怎麼能因為皮肉傷痛壞了大事呢？上戰場本就要抱著必死之心，現在您的傷還不致死，請振作起來繼續指揮吧！

✏️說完，解張把本來兩隻手控制的韁繩都握在左手中，右手接過了郤克的鼓槌，開始一手駕車一手擂鼓。

✏️解張單手駕車，難以控制馬匹，車子被馬帶著狂奔。晉軍見狀跟隨其後衝鋒了起來，齊軍大驚，很快被衝得潰不成軍。

晉國將軍韓厥遠遠看見一輛金碧輝煌的馬車，心想那肯定是齊頃公的車駕，立刻帶兵殺了過去。齊頃公落荒而逃，偏偏馬車又被樹木絆住不能動了。

眼看齊頃公就要被擒，他身邊的衛士逢醜父心生一計。

韓厥從來沒見過齊頃公，不知道齊頃公的相貌，他帶兵殺到後，果然把衣著華貴、坐在尊位上的逢醜父認成了齊頃公。春秋時期比較講究君臣尊卑，所以即使是對待敵國的君主，韓厥也跪在地上拜了拜，禮貌地請對方下車。

此時逢醜父謊稱自己口渴，用命令的口氣叫身邊的齊頃公給自己打水。

✍齊頃公心領神會，到了華泉立馬找到機會逃跑，之後遇上了來尋找、接應自己的齊軍部隊，成功逃回了齊國。

✍逢醜父被韓厥當成齊頃公帶回了晉軍大營。郤克認出他不是齊頃公，韓厥這才知道自己上當了。

🖋郤克本想殺了逄醜父洩憤，但逄醜父為自己辯解了一番。

代替君主赴難的臣子，前所未有，我第一個這樣做，忠心可嘉，難道還要被殺死嗎？

唉，算了，他代替君主赴難，殺了他不吉利，我赦免了他，就當勉勵人們忠君愛國吧！

🖋在這場晉齊大戰中，解張不顧重傷，接替郤克擂鼓；逄醜父以假亂真，讓齊頃公躲過一劫。

有這樣願意「李代桃僵」替主犧牲的手下，雙方主帥想必都非常慶幸吧！

順手牽羊

第十二計

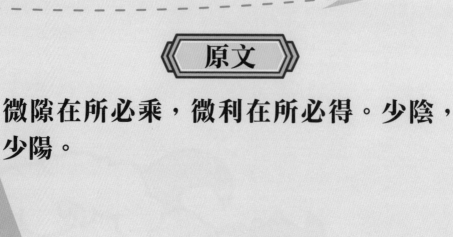

原文

微隙在所必乘，微利在所必得。少陰，
少陽。

敵人細微的疏忽也必須抓住利用，再微小的利益我方也要力爭獲得。讓敵人的疏忽變成我方的利益。

🖋春秋時期，西元前 630 年，晉文公聯合秦穆公一起攻打鄭國。秦、晉兩大強國兵臨城下，鄭國來到了生死存亡的邊緣。

🖋面對亡國危機，鄭國派出燭之武去遊說秦穆公。燭之武向秦穆公詳細分析了攻鄭的利害，表示鄭國緊鄰著晉國，卻不和秦國接壤，滅鄭只會便宜晉國，秦國得不到什麼好處。

🖊秦穆公聽了覺得很有道理，不僅決定退兵，還留下了三位秦國將軍幫鄭國防守。

🖊秦國退兵後，鄭國趕緊又向晉文公低頭示好，雙方簽訂了盟約，晉國也隨之退兵了。

🖊秦穆公聽說鄭國投靠了晉國，心裡很不痛快，有人勸他滅了鄭國這株「牆頭草」，但秦穆公不想和晉文公撕破臉，只好暫時忍著。

鄭國這種牆頭草，應當人人得而誅之！大王，出兵討伐吧！

現在還不是魚死網破的時候，本王自有考慮！

🖊兩年後，晉文公病死，其子晉襄公繼位。秦國有人勸秦穆公趕緊討伐鄭國，因為晉國上下都忙著舉辦晉文公的喪事，現在出兵打鄭國，晉國肯定不會管。

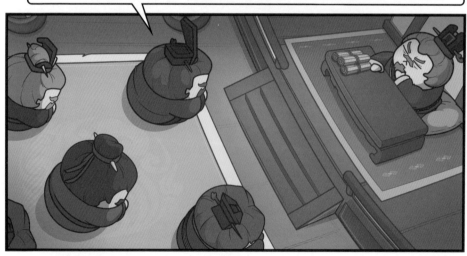

大王，此時晉國新王繼位，肯定無暇顧及其他，這是討伐鄭國的大好機會啊！

留在鄭國的那三名秦國將軍也派人送信給秦穆公，說要裡應外合，一舉打敗鄭國。

秦穆公動心了，便召集群臣商量攻鄭之事，此時兩位老臣百里奚和蹇叔站出來反對。

但秦穆公沒聽他倆的意見，他派百里奚的兒子百里視（孟明視）為主將，蹇叔的兩個兒子西乞術和白乙丙為副將，率領大軍去偷襲鄭國。

如此千載難逢的機會，怎麼能錯過？百里視、西乞術、白乙丙，你們三人馬上率軍出發攻打鄭國！

遵命！

秦軍一路急行，沒多久就到了一個小國——滑國的地界，距離鄭國已經不遠了。此時突然有人向百里視稟報，稱有一名自稱鄭國使者的人求見秦軍主帥。

大人，前面有位鄭國的使者求見！

嗯？這麼蹊蹺？

百里視十分吃驚，他覺得秦軍行動如此迅速，鄭國應該沒有察覺才對，於是他立刻親自接見來者，想要一探究竟。

不對呀！我軍行動這麼隱蔽、迅速，沒道理被發現了呀……

把那傢伙帶來見我！看他耍什麼花樣！

是！

那人見到百里視，獻上了十二頭牛和四張牛皮，說是鄭國國君派自己來獻上大禮的。

我們國君聽到貴軍要到鄭國來，特地派我送上一份薄禮慰勞將士們。

貴軍遠道而來，如果在這裡住一天，我們就供應白天的軍需。

如果貴軍要走了，我們就在夜裡替你們防衛。

✍️百里視聽出了話外之音，表面上是說白天提供食宿，晚上提供護衛，實際是在暗示鄭國早就得知了秦軍的計畫，無論白天黑夜，秦軍或靜或動，鄭軍都會嚴陣以待。於是他收下禮物，假惺惺地說自己不是要去鄭國。

其實我們並不是要去鄭國，只是路過此地，沒想到讓貴國如此費心，您請回去吧！

✍️然而，百里視萬萬沒想到，他對面的這個人根本就不是什麼鄭國使者，而是鄭國的一個普通牛販子——弦高。

老高，怎麼樣了？他們識破你了嗎？

噓，他們還沒走遠呢！

弦高本來要去遠方賣牛，結果在路上偶遇了殺氣騰騰的秦軍，為了保家衛國，他急忙派人回鄭國報信，又急中生智，假扮使者，唬住對方來拖延時間。

雖然嚇退了他們，但是可惜了我們那十幾頭牛，這次又要空手回家了！

十幾頭牛算什麼？為了國家，我豁出性命也在所不惜！

鄭穆公收到消息，立刻派人去探查國內三名秦將的狀況，發現他們已經收拾好行李、磨利了武器、餵飽了馬匹，肯定是在暗中籌畫什麼。

他們果然圖謀不軌！得馬上告訴大王！

於是，鄭穆公便派人去給他們下了逐客令。

各位留在鄭國已經很久了，敝國是個小窮國，糧食肉類都被吃光了，養不起諸位了。我們開放獵場，你們自己去狩獵麋鹿，取得路上所需就請離開吧！

吼！ 吼！

三名秦將明白事情已經敗露，只能灰溜溜地離開了鄭國。

百里視得到消息，心想戰機已失，只能撤退了。

鄭國早有防備，我們也失去了內應，偷襲是沒希望了。現在我軍長途奔波，鄭軍以逸待勞，這仗不好打，還是撤吧！

秦營

但百里視又怕空手而回無法交差，於是他心一橫──乾脆順手滅了滑國吧！

秦軍就地燒殺擄掠，搶奪了許多財寶、糧食、牲畜，又抓了許多俘虜，裝滿了幾百輛大車。

秦軍班師之時，路過地勢險要的崤山，走著走著，突然聽到了震天的喊殺聲，無數晉軍從山林中衝了出來……

✍秦軍沒有防備，被打得落花流水，百里視、西乞術、白乙丙全部被俘。

✍原來，晉文公雖然剛死，但他兒子晉襄公沒有因為祭奠父親而放下國家大事。得知秦軍偷襲鄭國未果，他意識到這是一個打擊秦軍、削弱秦國的好機會，就派大軍提前埋伏在崤山，只等秦軍到來就殺他們個措手不及。

✎這一連串事件，其實都包含著「順手牽羊」之計的運用。

眼看秦軍要偷襲鄭國，弦高趁勢獻上牛和牛皮，冒充使者救了鄭國。

眼看秦軍即將無功而返，百里視就地劫掠，趁勢滅了滑國。

眼看秦軍偷襲失敗，晉軍提前埋伏，趁勢打敗了秦國。只不過，雖然大家都在「順手牽羊」，但最終結果卻大不一樣了……

第十三計

打草驚蛇

疑以叩實，察而後動；複者，陰之媒也。

譯文

　　發現可疑之處要弄清實情，偵察清楚之後再行動；反覆察看分析，是發現隱情的好方法。

✐平時我們說「打草驚蛇」這個成語，一般都含有貶義色彩──翻草叢卻驚動了藏在草裡的蛇，比喻做事不周密、不嚴謹，使敵人有了警覺和防範。

✐但「打草驚蛇」作為一種計策時，卻有另一層含義：「我在明處，敵在暗處」，可以透過一些方法逼迫敵人現身，從而將對方抓住或者趕走。

說到打草驚蛇之計的巧妙運用，「蔣恒審板橋店案」就是一個經典案例。據說唐貞觀年間，湖南衡州有間板橋客棧，老闆名叫張迪。有一天，他的妻子回娘家去了，他留在客棧看店。

當天晚上，店裡來了三名帶刀的衛兵投宿。

店家，可還有客房？

有的，馬上幫各位安排！

第二天五更時，天還沒亮，三人就早早離開了。

✐天亮後，店主張迪遲遲沒有出來工作，小二去叫他，卻發現他倒在血泊之中，已經沒了氣息，原來昨天夜裡張迪被人殺害了！

✐人們紛紛懷疑兇手是那三名衛兵：因為他們有刀，而且凌晨就匆匆離去，肯定是殺人逃逸！大家義憤填膺，集體騎上馬追凶，發誓要給店主討個公道。

🖊快馬加鞭一路狂奔後，大家追上了三個衛兵。面對殺人指控，衛兵們大呼冤枉，他們表示早早離店只是因為有任務在身，最近一直都在趕路。

嚴懲兇手！

嚴懲兇手！

各位請息怒，這裡面肯定有誤會！

🖊眾人不信，要求衛兵拿刀驗看有沒有使用痕跡，結果三名衛兵拔出佩刀，竟然每一把佩刀的刀刃都血跡斑斑，連擦都沒擦過！

既然大家不信，那就看看我們的佩刀吧！

好啊！這下證據確鑿了！

這這這……這不對啊！
這是何時沾上的血跡？

✍️眼看物證在此,大家一擁而上,把三名衛兵抓住押送官府。然而到了縣衙,三名衛兵仍然堅稱自己是冤枉的。

冤枉啊!青天大老爺!
我們兄弟三人真的是清白的呀!

✍️縣令覺得這三人就是不見棺材不掉淚,於是下令用刑逼供。在一頓嚴刑拷打後,三人實在承受不住,終於招認了。

我招了!我招了!是我們幹的!

早點承認不就免受皮肉之苦了嗎?

別!別過來啊!

州官將此案上報朝廷後，引起了唐太宗李世民的興趣：這三名衛兵和張迪素不相識，張迪死後店裡也沒有財物損失，既不是尋仇又不是劫財，他們為什麼要殺人呢？其中恐怕另有隱情。於是，李世民就讓御史蔣恒重新審理此案。

此案蹊蹺得很，愛卿再去調查一番！

李世民

蔣恒

臣領命！

蔣恒調查後，也覺得三人可能是屈打成招，真兇另有其人，但真兇究竟是誰，目前又沒什麼線索……

打成這樣不招才怪呢！這背後的真兇恐怕依然逍遙法外啊！

經過一番冥思苦想，蔣恒想出了一條能讓兇手自己浮出水面的妙計。他把客棧的住客和附近的人都叫到了府衙，等眾人來了之後，他又說人沒到齊就先不說為什麼找大家來，並讓大家先回去。

今天人沒來齊，先不說事了，大家都回去吧！

大家正要走時，蔣恒又留下了一位已經八十多歲、一看就沒什麼作案嫌疑的老太太，表示要單獨和她說話。大家雖然一頭霧水，但也不敢多問，只能聽從安排，紛紛離開。

這位老太太請留步，本官有話問你，你請進府衙來！

這老太太多走兩步路都喘氣，大人留下她來做什麼？

噓，官府的事，少打聽。

🖌留下的那位老太太以為蔣恒要問案情線索，連忙說自己什麼都不知道，但沒想到蔣恒只是和她東拉西扯話家常，說一些無關緊要的話，然後一直把她留到傍晚才讓她走。

🖌老太太走後，蔣恒吩咐手下跟著她，看有什麼人和她接觸。

✐手下盯梢，果然見到一個男人在路上攔住了老太太，向她問事。

✐手下連忙將情況回報給蔣恒，蔣恒聽了表示先不著急抓人，再試探一下。

為了保險起見，第二天蔣恒故技重施，又把人們叫到府衙然後讓大家都回去，唯獨留下老太太問話，等放老太太回去後，再派人盯梢。

去，和昨天一樣，派人跟著這老太太！

是！

結果沒一會兒，那個男人又出現了，他一樣攔住老太太詢問。這下蔣恒心中再無疑慮，立刻下令抓人。

真兇就是這傢伙，給我抓住他！

在蔣恒的審訊下，男人很快就全招了：原來他和張迪的妻子有姦情，為了可以沒有阻礙地和女方在一起，他就起了歹念，想殺掉張迪這名「情敵」。

那天，他看到三個風塵僕僕的衛兵來客棧投宿，就想藉機殺人，嫁禍對方。

🖋三個衛兵連日趕路，十分疲憊，倒頭就睡。他偷了三人的刀殺死張迪，再把刀插回刀鞘，這期間三人竟都沒有醒來，對此事毫無察覺。

果然一切如我所料。

啊!!

🖋三個衛兵早起趕路，匆匆離店，就像一副畏罪潛逃的樣子，剛好又成全了他的栽贓計畫……至此，案件徹底真相大白。

好你個歹毒的賊人，害我兄弟三人……

大哥冷靜！

蔣恒巧用打草驚蛇之計，故弄玄虛地設局，假裝掌握了證據線索，讓兇手緊張不安、如坐針氈，忍不住來打探消息——當蛇自己爬出藏身的草叢時，捕蛇網早已在此等候多時了……

第 十 四 計

借屍還魂

有用者，不可借；不能用者，求借。借不
能用者而用之，匪我求童蒙，童蒙求我。

　　凡有作為的，就難以駕馭，不可利用；凡無作為的，必然會求助於我以自立。駕馭無作為的人來為我所用，這就是《蒙卦》所說的：不是我求助於愚昧之人，而是愚昧之人求助於我。

秦朝時期，秦始皇為求長生不老，找了一些方術士尋找「仙藥」。其中有兩人知道仙藥難求，就批評秦始皇暴戾不仁、癡心妄想，隨後便逃跑了。

老東西，癡心妄想！

秦始皇大怒，把全咸陽的「諸生」都抓起來審問，要找出二人的「同黨」。最終有 460 多人被定罪，秦始皇下令將他們全部坑殺——這就是所謂「焚書坑儒」中的「坑儒」。

🖊見此情形，秦始皇的長子扶蘇勸諫，稱天下剛剛平定，用酷刑殺人可能會導致人心惶惶，天下不安。秦始皇不聽，還把扶蘇發配到了北方監修長城。

你這逆子！還教訓起老子來了，給我去修長城！

🖊西元前 210 年，秦始皇病重，命趙高寫遺詔給扶蘇，讓他回咸陽主持喪事，繼承大位。可遺詔還沒來得及送出去，秦始皇就病死了。

把扶蘇招……啊……

大王！

此時知道秦始皇已死的除了趙高，就只有隨行的公子胡亥、丞相李斯和幾位寵臣。

為了自己將來的地位和利益，趙高和李斯密謀矯詔，假託秦始皇之命立胡亥當了太子，還偽造了一封遺詔命令扶蘇自盡。

扶蘇自殺後，胡亥登基，是為秦二世。他繼續實行暴政，徵收重稅、大興土木、濫用民力……老百姓生活苦不堪言，許多人暗中都有了反秦之心。

西元前 **209** 年秋天，陳勝、吳廣等 **900** 多名戍卒被徵調至漁陽，途中在大澤鄉遇到大雨阻攔，無法如期抵達目的地。按照秦朝法律，延誤日期是要殺頭的。陳勝便和吳廣商量，橫豎一死，不如揭竿而起搏一把。

不過，起義需要響亮的名號、鮮明的旗幟，才能更有號召力，於是陳勝想到了兩個人──扶蘇和項燕。

我聽說秦二世是秦始皇的小兒子，本不該他繼位，該繼位的是長子扶蘇。扶蘇因為規勸秦始皇，被發配在外地駐守，他並沒有什麼罪，卻被秦二世殺害了，老百姓都知道他賢德，卻不知道他已經死了。

項燕是原先楚國的將軍,他戰功赫赫、愛兵如子,楚國人都很愛戴他。

有人說他已經死了,但也有人認為他逃亡在外,躲了起來。

🌱對老百姓而言,扶蘇和項燕都深得民心,同時又都「生死不明」,所以陳勝和吳廣就打算冒用扶蘇和項燕的名義來號召大家發動起義。

我看就這麼定了!

這個主意確實不錯!

✍為了進一步樹立威望，陳勝、吳廣又「裝神弄鬼」，在一塊白綢上寫下「陳勝王」三個字，塞進了魚肚子裡，還在夜裡點燃篝火，模仿狐狸的聲音叫道：「大楚興，陳勝王！」

✍第二天，人們議論紛紛，都指指點點地看著陳勝。見時機成熟，吳廣故意激怒押送隊伍的尉官，讓縣尉鞭打自己，看得大家群情激奮。爭執中，吳廣奪過尉官的佩劍殺死了對方。陳勝也過來幫忙，兩人合力殺死了兩個尉官。

✍陳勝、吳廣召集眾人，做了一番慷慨激昂的演講，以扶蘇和項燕的名義號召大家起義。眾人紛紛表示願意追隨。

✍之後，陳勝、吳廣一邊進軍一邊不斷補充兵力，起義規模迅速擴大。攻克了陳縣後，陳勝自立為王，國號為「張楚」。

全國各地的人們看到大澤鄉起義成功，紛紛響應，很快的原來六國的地盤上都有人打著恢復六國的旗號自立為王。

後來，秦二世派大將章邯率軍鎮壓陳勝、吳廣的起義軍，起義軍被打敗，吳廣、陳勝都被手下背叛殺害。這時，項燕的兒子項梁正帶著侄子項羽四處攻城掠地，劉邦、英布等人都跑來投靠他。

🖋驚聞陳勝的死訊，項梁有些糾結下一步該怎麼辦。謀士范增趕來投奔項梁，給他分析了一番目前的形勢。

陳勝註定會失敗。秦滅了六國，其中楚國是最無辜的。當年楚懷王熊槐入秦，被扣留為人質，再也沒能返回，楚國人至今還在懷念他，因此才有「楚雖三戶，亡秦必楚」的說法。

范增

如今陳勝首先起義，不擁立楚王的後代，反而自立為王，他的勢力註定不會長久。現在您從江東起兵，將領們紛紛歸附您，就是因為您祖上是楚國大將，能夠重新擁立楚王的後代！

🖋項梁聽後深以為然，於是在民間搜尋一番，找到了替人放羊為生的楚懷王的孫子熊心。項梁召集眾將擁立熊心，稱他「楚懷王」，以順從楚國百姓的心願，動員他們加入自己的隊伍。

我⋯⋯我沒聽錯吧？讓我一個放羊的當楚王？

西元前 208 年，章邯率軍擊敗楚軍，項梁戰死，項羽成了項家軍的老大。熊心為鼓舞士氣，與諸將約定先破秦入咸陽者為王。

後來，項羽多次大破秦軍，為滅秦立下了最多戰功，但劉邦卻捷足先登，第一個打進了咸陽，這讓項羽非常生氣。

✏️項羽想讓熊心改掉約定封自己為王，便派人去詢問熊心，但熊心只回答：「如約。」項羽大怒。

要不是我項家擁立他，他熊心哪有今天？

✏️於是，項羽將熊心尊為「義帝」，架空了對方的權力，然後自己分封了諸侯。為了斬草除根，項羽不久便派人將熊心殺害。

不久，劉邦發檄文布告全國，指責項羽弒君篡位、大逆不道，號召天下諸侯共同伐楚。

陳勝、吳廣以扶蘇和項燕之名號召起義，項梁以楚懷王之名動員楚國百姓，項羽架空義帝奪取反秦領袖之位……

第十五計

調虎離山

待天以困之，用人以誘之，往蹇來連。

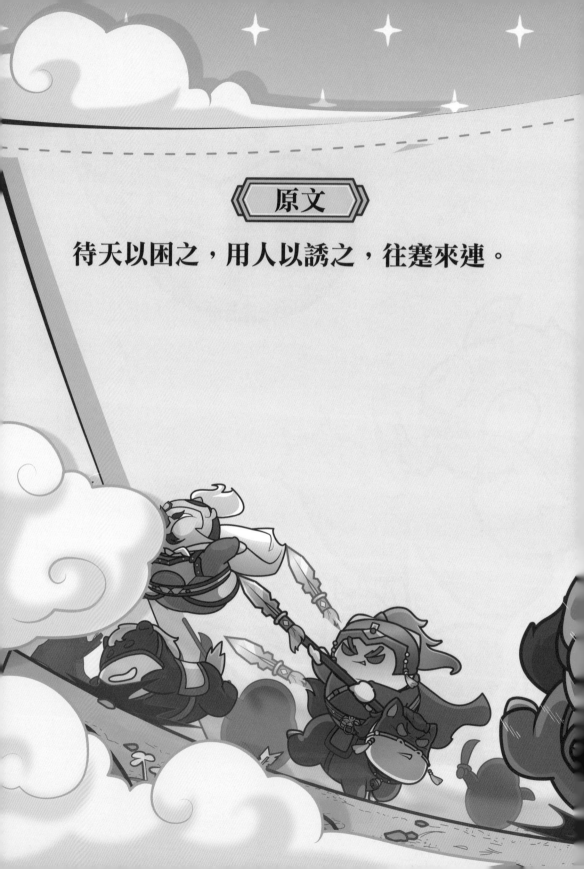

利用天然的條件去圍困敵人，用人為的方法去誘騙敵人。如果前進有危險，就引誘敵人過來。

東漢末年，群雄割據，驍勇善戰的孫堅投靠了兵多糧足的袁術。諸侯聯合討伐董卓時，孫堅帶兵攻入洛陽，在城南的一口井中打撈到了傳國玉璽。

袁術覬覦玉璽，就拘禁孫堅的妻子，逼迫孫堅交出玉璽。孫堅雖然憋屈，但寄人籬下也無可奈何。

西元 191 年，孫堅奉袁術之命攻打荊州的劉表，被劉表的部將黃祖殺死。孫堅的長子孫策為了幫父親報仇、繼承父親的遺志建功立業，只能繼續依附於袁術。

沒多久，孫策就嶄露頭角，立下了許多戰功。袁術為了嘉獎孫策的功勞，曾經許諾讓孫策做九江太守，但後來他又把這一職位給了自己的親信陳紀。孫策對此深感失望。

後來，袁術向盧江太守陸康借糧，陸康不借，袁術就派和陸康有仇的孫策去攻打盧江。原來孫策曾經去拜訪陸康，但陸康看不起孫策，就避而不見，只讓自己的手下接待孫策，孫策一直對這事懷恨在心。

為了再激勵一下孫策，袁術又對他說打敗陸康後盧江歸他所有。

孫策領兵出征，圍城打了兩年，終於攻下了廬江。然而，袁術再一次言而無信，任命親信劉勳擔任廬江太守。

孫策徹底看明白了，跟著袁術永無出頭之日，於是他憤而離去，在江東闖蕩征戰。

🖋 197 年，袁術拿著傳國玉璽公然自立稱帝。孫策寫信勸袁術不要冒險做全天下都認為不對的事，袁術不聽。孫策見袁術已經無可救藥，就和他徹底絕交。

🖋 袁術稱帝后，眾叛親離，人人喊打。199 年，孫策準備與曹操、劉璋等人一起討伐袁術，然而大軍還沒出發，袁術就在窮途末路中病死了。

🖋 袁術一死，樹倒猢猻散，他的一些家人帶著部隊投奔了盧江太守劉勳，劉勳因此一躍成了江淮一帶兵力最強的軍閥。

袁術原來的部下楊弘、張勳想去投奔孫策，劉勳得知後，就在半路將他們截擊扣押。孫策因此大怒。

當年你搶了我盧江太守的位置，如今又來給我添堵！

對啊，你能怎麼樣？

於是孫策暗中下定決心，要攻下盧江幹掉劉勳，以解心頭之恨。

不過劉勳現在兵強馬壯，盧江城池堅固，如果硬攻，孫策也沒有取勝的把握，就算打贏了，必然也會付出很大的代價。所以，攻盧江不能著急，只能找機會智取。

且再忍一忍，現在還不是最好的時機！

不久後，劉勳為了維繫龐大軍隊的糧草開支，派弟弟去海昏、上繚徵糧，讓當地的宗族首領湊出三萬斛糧食，但最終只籌到了幾千斛。

就這些了，拿去吧！

我看不如直接出兵打下海昏、上繚，到時候有多少糧食都是我們的。

哥哥，這幫宗族首領藏著糧食不願意給我們。

孫策聽說了這件事，立刻派使者給劉勳送去了許多金銀珠寶和一封信。

上繚富可敵國、糧草充足，而當地宗族上瞞官府，下欺百姓，我想收拾他們已經好幾年了，只是礙於路途遙遠才遲遲沒動手，我請求您幫忙討伐他們！

劉勳本就有意攻取上繚，現在又被孫策言辭謙卑地一頓忽悠，還收了人家的厚禮，當即就下令出兵。

劉勳的部下覺得馬上就要大發橫財、衣食無憂，紛紛向劉勳提前道喜，只有劉曄站出來潑了一盆冷水。

孫策軍營　盧江　上繚

劉曄

上繚雖然小，但城堅池深，易守難攻，如果我們不能迅速取勝，大軍在外，盧江城內空虛，要是孫策趁機偷襲，盧江肯定守不住。

到時候我們前不能進、退不能歸，可就大禍臨頭了！

但此時的劉勳已經被利益沖昏頭，根本聽不進去，堅持率大軍攻打上繚。

然而劉勳的大軍浩浩蕩蕩出征後，上繚的宗族首領得到消息，早早就採用堅壁清野的戰術，把所有財物都搬走躲了起來。劉勳興師動眾折騰了半天，最後卻一無所獲。

主公，這裡也是空的，什麼都沒有！

可惡！這群狡猾的傢伙！

調虎離山　233

✎另一邊，孫策得知劉勳的大軍幾乎傾巢而出，非常高興地對手下宣布動手奪取廬江。

✎孫策安排了一路兵馬在彭澤阻擋劉勳回師，剩下的兩萬人都跟著他和周瑜一起去襲擊廬江。很快，孫策便打下了廬江的皖城，俘獲了劉勳的妻兒。

更讓孫策欣喜的是，本來只是阻擊的那路兵馬，竟然還大敗了劉勳的大軍。

劉勳在撤退途中，得知了皖城失陷的消息，十分後悔沒聽劉曄的話，他命軍隊修築壁壘防守，同時派人向劉表、黃祖求救。

黃祖讓兒子黃射帶著 5000 人去支援劉勳。面對殺父仇人，孫策毫不手軟，帶兵一頓猛攻，又大破黃射的軍隊。劉勳只能一路北逃，最終投靠了曹操。

關鍵時刻別掉鏈子啊！快爬起來跑！

孫策乘勝追擊，又去攻打黃祖的駐地。劉表派兵支援，雙方展開了一場激戰。

孫策！這就是個誤會，誤會啊！

黃祖別怕，我奉我家主公劉表之命特來救援！

少廢話，殺父之仇，不共戴天，給我全力攻打！

哪兒來的蒼蠅？滾開！

🖋最終，孫策大勝，黃祖軍死傷數萬，黃祖隻身逃走，其妻妾子女七人被俘，孫策軍繳獲的戰利品堆積如山。

🖋在東漢末年的亂世之中，孫策能夠建功立業，威震江東，除了他勇武過人的本領，還要歸功於他能夠審時度勢、善用謀略。

孫策巧用「調虎離山」之計，把劉勳騙出城再一舉奪城，之後一鼓作氣連戰連捷，就是他智勇雙全的最好證明。

第十六計

欲擒故縱

逼則反兵，走則減勢。緊隨勿迫，累其氣力，消其鬥志，散而後擒，兵不血刃。《需》，有孚，光。

　　如果把敵人逼得走投無路，他們就會殊死反抗；留條生路讓敵人逃跑，則可以削弱他們的氣勢。所以對於窮寇，應該緊緊跟隨但不逼迫，從而消耗他們的體力，瓦解他們的鬥志，等他們變成一盤散沙再動手擒之，這樣就能避免我方出現不必要的流血犧牲。這就是從《需卦》「有孚，光」（有收穫，大順利）裡悟出的道理。

西元 223 年，蜀漢開國皇帝劉備病逝，蜀漢的南中地區趁機叛亂。225 年春天，丞相諸葛亮為了掃平叛亂、穩定南方，親率大軍南征。

相傳，南中叛軍的首領是蠻王孟獲，他勇武過人，在蠻人心目中有很高的威望。孟獲仗著自己的地盤路遠山險，自己又手握重兵，一向不服蜀漢的管轄。

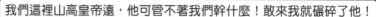

諸葛亮在率軍南征的路上，忽聞皇帝劉禪派馬謖帶著美酒衣帛前來犒賞將士。諸葛亮熱情地接待了馬謖，問他是否有破敵良策。

南蠻不服管已經很久了，今天剛被平定，明天又要反叛。現在丞相率大軍討伐，必然能夠取勝，但等丞相班師回朝北伐曹魏，南蠻一定又會趁國內空虛再次作亂。

馬謖

用兵之道，攻心為上，攻城為下；心戰為上，兵戰為下。希望丞相能徹底降伏他們的心

這番話說到了諸葛亮的心坎上，他任命馬謖為參軍，率大軍繼續進發。

孟獲得知蜀軍浩浩蕩蕩殺來，急忙派三名洞主元帥各率五萬蠻兵迎戰。

蜀軍打過來了，你們速速去迎敵！

阿會喃

董荼那

金環三結

老大放心，看我們去把他們打倒趴下！

✑結果，三洞元帥中的金環三結被趙雲斬殺，董荼那和阿會喃則被活捉。諸葛亮讓董荼那和阿會喃以後別再跟著孟獲作亂，將二人放了回去。

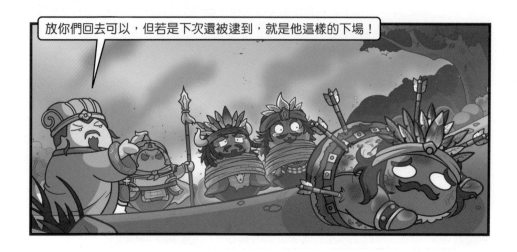

放你們回去可以，但若是下次還被逮到，就是他這樣的下場！

✑三洞元帥戰敗，孟獲只好親自領兵出戰。蜀軍與蠻兵交戰後，按照諸葛亮的部署詐敗而逃。孟獲窮追二十里，最終中了埋伏，被魏延生擒。

蠻人就是蠻人，窮寇莫追的道理都不懂！綁回去等候丞相發落！

魏延

卑鄙！放我出來單挑啊！

✎孟獲被押入帳中，諸葛亮怒斥他反叛不忠，問他被抓服還是不服。

✎於是諸葛亮叫人給孟獲鬆綁，把他送回了山寨。孟獲回去後召集兵馬，又派人去請董荼那和阿會喃，他倆自從上次被抓又被放，已經不想再和蜀軍作對了，但迫於孟獲威逼，只能硬著頭皮領兵前來。

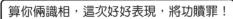

諸葛亮派馬岱劫了孟獲的糧草，董荼那出來迎戰。馬岱見到董荼那，大罵他忘恩負義，董荼那十分慚愧，率兵撤退了。

糧草留下！

我可不是恩將仇報的人⋯⋯要不全軍撤退吧！

董荼那，我家丞相饒你一命，你就是這樣恩將仇報的？

孟獲大怒，要將董荼那斬首示眾，幸虧眾酋長為他求情，才改成打一百大棍。董荼那心生怨恨，悄悄和眾酋長商議抓住孟獲向諸葛亮投降。

我們受了諸葛丞相的不殺之恩，無以為報，不如抓了孟獲獻給丞相，免得烽煙再起，生靈塗炭。

於是他們趁孟獲喝醉，將孟獲五花大綁送到了蜀營。

諸葛亮只好又將他放了回去。孟獲回寨後，將董荼那、阿會喃騙來殺死，然後和弟弟孟優想了一個詐降之計。

✎然而諸葛亮一眼就識破了他們的小伎倆，他讓人在招待孟優和蠻兵勇士的酒裡下了迷藥。晚上孟獲率軍衝入蜀軍營寨，卻沒見到一個蜀兵，只看到了昏迷不醒的孟優等人。

✎孟獲心知中計正想逃走，突然火光四起、喊殺震天，蜀軍從四周殺了出來。

於是孟獲逃到瀘水邊，看到有幾十名蠻兵在划船，忙叫船靠岸來接自己，結果這夥「蠻兵」是馬岱的部下假扮的，專門在這裡等著他呢……

孟獲第三次被抓，仍舊不服，說都怪自己的弟弟貪杯中毒才誤了大事。於是，諸葛亮又把他們放了回去。

孟獲回去後召集數十萬蠻兵，準備和蜀軍正面交鋒。諸葛亮知道蠻兵驍勇，為了避免不必要的傷亡，他下令堅守不出，任憑蠻兵百般辱罵也不理睬。

縮頭烏龜，出來啊！

子龍啊，別看了，坐下來喝杯茶！

幾天後，蜀軍丟下輜重棄寨撤退。孟優懷疑其中有詐，但孟獲認為蜀軍連輜重都不要了，肯定是國內出了大事，比如魏國或者東吳向蜀國發動了進攻，諸葛亮不得不緊急回援。

大哥，會不會有詐啊？

連輜重都丟了，這還能假嗎？

孟獲率軍長驅冒進，果然又中了埋伏，第四次被擒。可他又表示「中了詭計死不瞑目」，諸葛亮便又將他放了回去。

孟優見當時正值酷暑，建議哥哥去投奔自己的好友——禿龍洞的朵思大王，只要他們躲在陰涼的山洞裡拖著，蜀軍受不了酷熱自然就會退兵。

✎想進禿龍洞只有兩條路，一條大路被朵思大王派重兵把守；另一條險路則有瘴氣和許多蛇蠍，而且沿途水源只有四眼毒泉，喝了泉水必然身中劇毒。蜀軍一開始不知情，在險路上吃了很多苦頭。

✎後來諸葛亮在機緣巧合下見到了隱居的孟獲哥哥孟節。孟節深明大義，將解毒、取水、破瘴氣的方法告訴了諸葛亮，蜀軍得以衝破險阻，來到了禿龍洞前。

孟獲正愁不知道如何禦敵，忽然聽說洞主楊鋒率三萬兵馬前來助戰，大喜過望，忙擺下酒宴招待。

誰知，楊鋒的兩個兒子向孟獲兄弟敬酒時突然發難，把他倆綁了起來。原來，楊鋒一家也受過諸葛亮的活命之恩，特來報答。

✐和之前一樣，孟獲覺得自己第五次被擒是因為內部叛變，不算諸葛亮的本事，依舊不服，於是諸葛亮又放他回了老巢。

✐孟獲點兵再戰，他的妻子祝融夫人善用飛刀、百發百中，生擒了兩員蜀將。後來諸葛亮讓趙雲、魏延誘敵深入，馬岱率軍埋伏，將祝融夫人生擒，用她換回了俘虜。

孟獲又找能馴服猛獸的木鹿大王幫忙，只見木鹿大王騎著白象，手搖鈴鐺，口念咒語，驅使豺狼虎豹張牙舞爪地撲過來。蜀軍難以抵擋，敗下陣來。

為了對抗猛獸，諸葛亮弄來了一些戰車，它們被雕刻成巨獸模樣，以鋼鐵為尖牙利爪，口中還能噴出煙火。

真猛獸見假猛獸車的體形更大，還能噴火，嚇得四散奔逃，蠻兵瞬間潰不成軍，木鹿大王死於亂軍之中。蜀軍一路高歌猛進，奪占了孟獲的老巢。

孟獲見兵馬已經所剩無幾，只好使出詐降計，讓小舅子綁了自己和夫人，帶著手下去見諸葛亮。諸葛亮再次識破孟獲詭計，將來人全部拿下搜身，果然個個都身藏利刃。

✐孟獲耍賴表示，這第六次被擒是自己送上門的，不能算數。

✐諸葛亮無奈，又放了他。孟獲這次招來烏戈國主兀突骨為自己報仇。兀突骨派出三萬藤甲兵出戰，他們的藤甲經過反覆浸油暴曬製成，穿在身上刀槍不入，還能遇水不濕、渡江不沉，一度讓蜀軍十分頭疼。

不過諸葛亮抓住藤甲易燃的特點，將藤甲兵引入藏了乾柴草料的山谷之中，然後用橫木亂石封住谷口，放火把敵人燒了個片甲不留。

與此同時，諸葛亮派人假扮蠻兵，騙孟獲說兀突骨即將取勝，讓他前去接應。孟獲到了山谷才發現情況不對，想逃跑卻已經太遲了。

怎麼氛圍不太對啊！

圍住他們！

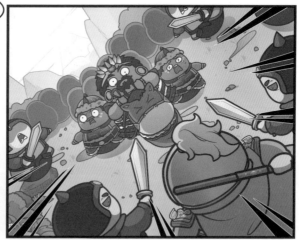

✍孟獲第七次被擒，諸葛亮仍然以禮相待，孟獲終於心服口服。

七擒七縱，史無前例，我雖然是個沒文化的蠻夷，但也知道羞恥，我們南人以後再也不反叛了！

✍諸葛亮把先前所奪的土地都還給了孟獲，讓他繼續擔任蠻王管理南人。孟獲和南人感恩戴德，從此再無二心，蜀國南方徹底平定。

「七擒孟獲」雖然是一則演義故事，但只要一提起「欲擒故縱」之計，很多人的第一反應都會是它，可見這個經典故事是多麼膾炙人口、深入人心。

抛磚引玉

第十七計

類以誘之，擊蒙也。

譯文

　　用類似的東西誘惑敵人，從而打擊上當受騙的敵人。

✍️春秋時期，楚國在楚武王的統治下迅速崛起，當時楚國周圍有許多小國，為了擴張稱霸，楚國就對這些鄰居們動手了。

✍️西元前 704 年，楚國攻打實力不俗的隨國，取得大勝。第二年，楚國又討伐鄧國，把鄧國打得落花流水。

✍楚國連戰連捷，搞得周邊的小國十分緊張。為了自保，它們有的向楚國低頭，準備認楚國當老大；有的則準備報團取暖，聯合起來對抗楚國。

✍西元前 701 年，楚國拉攏了貳國和軫國兩個小國，準備和它們簽訂盟約。確定好會盟地點後，執掌楚國政務軍事的屈瑕就帶領一支楚軍出發了。

不願意臣服楚國的鄖國得知此事，認為楚國的使團孤軍在外，可以趁機消滅這股力量。於是鄖國把軍隊駐紮在城郊，同時聯絡了四個盟友絞國、隨國、州國、蓼國，相約一起攻打楚軍。

見敵人來勢洶洶，屈瑕十分擔心，楚國大夫鬥廉向他獻計。

鬥廉這樣建議，是因為他看透了鄖軍的心態。

盟軍怎麼還不來呢？

鄖軍不敢獨自迎戰楚軍，每天都盼望著四國的援軍趕緊到來。

他們覺得自己的城池足夠堅固，就算出來被楚軍槍打出頭鳥，也可以逃回城防守。

所以，現在的鄖軍既麻痺又懶散，毫無戰鬥意志，這樣的敵人必然一觸即潰。

四國看到牽頭的鄖國吃了敗仗，心裡肯定害怕，沒多久就會鳥獸散。

屈瑕覺得偷襲鄖軍有些冒險，就問鬥廉為什麼不請求增援。

為何不先找大王請求增援呢？

軍隊能夠打勝仗，在於團結一致而不在於人多，商被周所滅就是這個道理。現在整軍出發就能成功，為什麼還要增援呢？

✐屈瑕又問要不要先占卜問問吉凶。

要不先占卜一下問問吉凶吧？

占卜是為了決斷吉凶未卜之事，如今勝利已經板上釘釘，確定無疑，還占卜做什麼呢？

✐屈瑕見鬥廉如此有把握，也不再猶豫，就按照鬥廉的計策部署。楚軍在夜間偷襲，果然很輕鬆就打敗了鄖軍。

一，二，三……

衝！

哇呀！敵……敵襲！

✍聽說郎軍戰敗，四國的援軍立馬望風而逃，楚國順利地與貳國、軫國簽訂了盟約。

✍第二年，楚國決定給四國一點教訓。楚武王首先盯上絞國，他親自率兵攻打絞國，把大軍駐紮在了絞國都城的南門外。

絞國雖然是個小國，但城池卻修得固若金湯，楚軍攻打了一個多月都沒打下來。此時屈瑕站出來向楚武王獻上了一計。

絞國地小而人輕浮，輕浮就缺少智謀，我有一計可以破城！

絞國已經被我們圍困了這麼久，物資肯定十分短缺，其中柴草供應肯定更加緊張。

我們可以派一些士兵假扮樵夫，去北門外的山裡砍柴，並且不要派兵保護他們。

我們的大軍駐紮在南門，北門出現一夥毫無威脅的樵夫，絞國不會覺得有什麼危險，肯定會出城搶劫他們的柴草。

等絞國軍隊出門追趕樵夫，我們就堵死他們回城的歸路，再趁著城內空虛將其一舉拿下！

絞國軍隊　　楚國軍隊

楚武王聽從屈瑕的計策，派一小股士兵打扮成樵夫去北門附近砍柴。絞國士兵見了，果然都蠢蠢欲動，想要出城搶劫。

這不是送上門的柴草嗎？

不過，為防有詐，絞國也不敢貿然全軍出動，只派了一部分士兵前去試探，結果他們很順利地抓獲了三十名「樵夫」，搶到了很多柴草，這可把他們高興壞了。

第二天，楚國故技重施，又派了一些「樵夫」去北門附近砍柴。絞國士兵昨天剛剛嘗到甜頭，今天看到肥羊又自己送上門來，哪裡能忍得住，紛紛爭先恐後地衝出了城……

然而，今天的「樵夫」比起昨天的要難抓得多，他們一路逃竄，跑得飛快。絞軍跟在後面追，不知不覺就追到了密林深處。

楚軍早就在這裡設了一隊伏兵，自由散漫的絞國士兵剛剛趕到，他們就齊齊殺出，打了對方一個措手不及。

◢潰散的絞軍想要逃回城內，但快到北門才發現，楚軍早已趁他們離開時兵臨城下，把北門堵了個嚴嚴實實，走投無路的絞軍只能紛紛繳械投降。

◢楚軍乘勝追擊，開始攻城。絞國國君自知城內僅剩的一點兵力根本守不住，於是放棄了抵抗。

我投降了！

絞國國君走出城門，被迫在自家的城池下與楚國簽訂了盟約。後世根據此事引申出了一個成語——「城下之盟」，專指敵軍兵臨城下時被迫簽訂的屈辱性盟約。

楚國破絞之戰可謂運用「拋磚引玉」之計的一個典型戰例。拋磚引玉這個成語常用來比喻用不好的、低價值的東西，去引出好的、珍貴的東西，作為一種計謀使用就類似於「釣魚」，透過犧牲小利來引誘對方上鉤，從而實現以小博大。

摧其堅，奪其魁，以解其體。龍戰於野，
其道窮也。

摧毀敵人的主力，擒住敵人的首領，就可以瓦解敵人的整體力量。就好比龍離開了大海在陸地上作戰，相當於走上了窮途末路。

隋朝末年，群雄割據，烽煙四起，當時中原地區主要有三股勢力：唐高祖李淵佔據關中，在長安建立了唐朝；竇建德佔據河北，在樂壽稱帝，國號為「夏」；王世充佔據河南，在洛陽稱帝，國號為「鄭」。

三者之中，王世充的實力最弱：他昏庸而殘暴，為了打仗沒完沒了的徵兵搶糧，每次派將領作戰，他還會將將領的親屬全部軟禁，扣為人質。因此他才剛稱帝就搞得人心盡失，從兵將到百姓，無不怨聲載道。

你放心上戰場，我會好好照顧你的家人的！

西元 620 年，李淵派兒子秦王李世民率大軍討伐王世充。由於唐軍聲勢浩大，王世充又倒行逆施不得人心，鄭國各地的守軍紛紛不戰而降。

才短短三個月，河南各州縣除了洛陽全都落入了唐軍之手，洛陽成了一座孤城。王世充隔著洛水向李世民喊話求和，但李世民沒有同意。

眼見山窮水盡,王世充只好派人向竇建德求援。竇建德猶豫之際,手下劉彬向他獻上一計。

竇建德認為此計甚妙,就答應救援王世充。不過出兵之前,他要先去討伐一直與自己為敵的孟海公,穩定後方。

趁著竇建德的援兵還沒到,李世民下令對洛陽展開猛攻。

✍然而洛陽的城防非常堅實，有能投射五十斤重石的大炮，還有能射出巨箭的大型弓弩，唐軍一時沒能啃下這塊硬骨頭。

✍唐軍轉變策略，在城外挖溝築壘，準備困死王世充。沒多久，洛陽城的糧草就見底了，餓死的人不計其數。

這一招雖然有效，但也很耗時間。

✍在唐軍圍城之時，竇建德打敗孟海公，收編了對方的兵馬，率十萬大軍趕了過來。

此時，竇建德和李世民把目光盯上了同一個戰略要地——虎牢關。虎牢關是洛陽東面的門戶，雄關險峻、易守難攻，誰能佔領虎牢關，誰就能擁有極大的優勢。

李世民親自率領三千五百名精銳驍騎一路狂奔，搶在竇建德之前佔領了虎牢關。夏軍只好在距離虎牢關幾十里的地方安營紮寨。

你來晚了！

可惡，全軍在關外紮營！

✐李世民帶著五百名騎兵偵察敵情，他把大部分人沿途分批留下，埋伏於路旁，自己只帶著尉遲敬德和四名騎兵繼續前進。

✐在距離夏軍營地三里處，李世民與敵人的巡邏兵相遇，他一邊大喊「我是秦王」，一邊拉弓射死了一員敵將。夏軍大驚，出動了五六千名騎兵來追殺他。

✐李世民不慌不忙，還故意放慢速度，等追兵靠近了，要嘛將他們當場射殺，要嘛把他們引到埋伏圈裡消滅。最終，夏軍的追兵被斬殺了三百多人，還有兩員將領被俘。

剛才追得很得意嗎？

✐竇建德急著找回面子，派兵和唐軍打了幾場小仗，但都沒能獲勝。反倒是李世民又派人劫了夏軍的糧草，還抓獲了押糧的大將。

把這些糧草運回去！

是！

此時，竇建德已經在虎牢關受阻了一個多月，由於進攻不順、屢戰屢敗，夏軍的士氣變得十分低落。在這種情況下，竇建德的文臣凌敬向他提出建議。

別在虎牢關和唐軍耗著了，不如全軍渡過黃河北上，去奪取那些無主之地，這樣一能擴張地盤，二能招募兵卒，三能威脅關中。

凌敬

唐軍受到震懾，必然以老家為重，洛陽之圍自然就會解除。

竇建德覺得有道理，本想依計而行，但王世充不斷派人來告急，又花重金暗中收買了竇建德手下的將領們，讓他們攻擊凌敬，說他一介書生根本不懂打仗。

一派胡言，現在撤退，大王的臉都丟光了！

報！王世充又來催啦！

你這書生是何居心？

✒️竇建德聽了將領們的話，決定不採納凌敬的計策。凌敬據理力爭，竇建德不耐煩了，就命人把他架了出去。

✒️竇建德下令全軍殺向虎牢關，夏軍從板渚出，列陣於汜水，連綿了二十里，聲勢浩大。然而，此時夏軍中卻出現了不吉利的童謠——「豆入牛口，勢不得久」。童謠原本的意思是豆子即將被牛吃掉，現在延伸成竇建德到了牛口渚這個地方就要完蛋。

竇建德仗著兵多，不斷派人向李世民挑戰。王世充的侄子王琬在他軍中，騎著當年隋煬帝的青驄馬耀武揚威。李世民見了，忍不住感嘆真是匹好馬。

真是一匹好馬！

尉遲敬德請求去把馬奪過來，李世民卻連忙制止他。

這樣太危險了！我怎麼能為了一匹馬損失一員大將呢？

✐然而尉遲敬德不聽，他以迅雷不及掩耳之勢衝入敵陣，活捉了王琬，牽著他的馬回到了陣中……

人和馬我都帶回來了！

✐尉遲敬德的神勇表現，讓夏軍的士氣再次受挫。夏軍從一大早就開始列陣，到了中午，士卒們既疲憊又飢渴，他們席地而坐，喝水時還出現了爭搶。

將軍，喝水……

軍中氣氛不太對了啊……

✐見敵人軍紀散亂，李世民認為進攻時機已經成熟，下令全軍出擊，直撲敵陣。

✍竇建德想派騎兵阻擋，但騎兵卻被自家的大臣們擋住了，根本過不來。原來，竇建德稱帝後很喜歡擺帝王架子，每天都要接受群臣的謁見，唐軍攻來時，他正和往常一樣「上朝」呢……

✍一片慌亂中，竇建德指揮夏軍邊打邊退，然而他們一回頭，竟然看到唐軍的旗幟正迎風飄揚。

原來，李世民派一小股兵馬帶著軍旗繞到了夏軍身後，給了敵人被包圍的錯覺。夏軍心態崩潰，放棄抵抗，只顧逃跑。竇建德騎上馬逃走，兩位唐軍將領緊追不捨，將他捉了回來。

竇建德被抓後，夏軍再無抵抗意志，紛紛繳械投降，唐軍當天就俘虜了五萬多人。

之後，李世民把竇建德等人押到洛陽城下給王世充看。王世充見最後的救命稻草也沒了，只好開城投降。

你看看這是誰！

我投降，只求免我一死！

在虎牢關之戰中，李世民採用「擒賊擒王」的策略，抓住敵人的破綻果斷出擊，以三千五百名騎兵大破竇建德十萬大軍，又順勢逼降了王世充……

讓唐朝在一統天下的道路上前進了一大步。

小幸福 Happy Children
0HHC0001

看萌漫學智慧

漫畫三十六計（上）

作　　者：賽雷
責任編輯：林靜莉
封面排版：王氏研創藝術有限公司
內文排版：王氏研創藝術有限公司

總 編 輯：林麗文
主　　編：高佩琳、賴秉薇、蕭歆儀、林宥彤
執行編輯：林靜莉
行銷總監：祝子慧
行銷經理：林彥伶

出　　版：幸福文化出版／遠足文化事業股份有限公司
發　　行：遠足文化事業股份有限公司（讀書共和國出版集團）
地　　址：231 新北市新店區民權路 108 之 2 號 9 樓
郵撥帳號：19504465 遠足文化事業股份有限公司
電　　話：(02) 2218-1417
信　　箱：service@bookrep.com.tw

法律顧問：華洋法律事務所 蘇文生律師
印　　製：凱林彩印股份有限公司
初版一刷：2025 年 1 月
定　　價：450 元

國家圖書館出版品預行編目 (CIP) 資料

看萌漫學智慧，漫畫三十六計（上）/ 賽雷
著 . -- 初版 . -- 新北市：幸福文化出版社
出版：遠足文化事業股份有限公司發行，
2025.01
　冊；　公分
ISBN 978-626-7532-59-1(上冊：平裝). --
ISBN 978-626-7532-60-7(下冊：平裝). --
ISBN 978-626-7532-61-4(全套：平裝)

1.CST: 兵法 2.CST: 謀略 3.CST: 漫畫
592.092　　　　　　　113017235

9786267532591（上冊：平裝）
9786267532546（PDF）
9786267532539（EPUB）

中文繁體版通過成都天鳶文化傳播有限公司代理，由中南博集天卷文化傳媒有限公司授予遠足文化事業股份有限公司（幸福文化出版）獨家出版發行，非經書面同意，不得以任何形式複製轉載。